高等学校实验教学示范中心(东南大学)系列教材

# 土木工程材料实验

王　晓　周　洲　编著

东南大学出版社
SOUTHEAST UNIVERSITY PRESS
·南京·

**图书在版编目(CIP)数据**

土木工程材料实验 / 王晓，周洲编著. —南京：
东南大学出版社，2021.12
高等学校实验教学示范中心（东南大学）系列教材
ISBN 978-7-5641-9951-7

Ⅰ.①土… Ⅱ.①王… ②周… Ⅲ.①土木工程-建
筑材料-实验-高等学校-教材 Ⅳ.①TU502

中国版本图书馆 CIP 数据核字(2021)第 259246 号

责任编辑：夏莉莉　贺玮玮　责任校对：韩小亮　封面设计：顾晓阳　责任印制：周荣虎

**土木工程材料实验**

Tumu Gongcheng Cailiao Shiyan

编　　著：王　晓　周　洲
出版发行：东南大学出版社
社　　址：南京四牌楼 2 号　邮编：210096　电话：025 - 83793330
网　　址：http://www.seupress.com
电子邮件：press@seupress.com
经　　销：全国各地新华书店
印　　刷：广东虎彩云印刷有限公司
开　　本：700mm×1000mm　1/16
印　　张：13
字　　数：220 千字
版　　次：2021 年 12 月第 1 版
印　　次：2021 年 12 月第 1 次印刷
书　　号：ISBN 978 - 7 - 5641 - 9951 - 7
定　　价：39.00 元

本社图书若有印装质量问题,请直接与营销部联系。电话(传真):025 - 83791830。

# 前　　言

　　土木工程材料实验是土木工程材料课程的重要组成部分,它不仅是课堂理论教学不可缺少的一个实践性教学环节,而且是与实际生产密切联系的一门科学技术。在实体工程中,检验材料质量,为材料和结构设计提供可靠的技术参数,结构设计与施工过程中控制参数的获取,工程质量的验收,改善材料性能,改进生产工艺,研发新材料与制定材料新标准等都离不开材料试验。

　　本书所列内容,一方面可以使学生通过常规试验的操作,熟悉试验设备,学习操作技术,了解材料性质的检验方法与有关技术标准、规范等,从而帮助学生加深对基本理论的理解;另一方面可以让学生初步了解与学习试验设计、数据分析与处理等常用数理统计方法,提高分析问题和解决问题的能力,从而为开展后续科学研究打下必要的试验技术基础。本书的编写不仅能够满足土木工程材料实验课程的基本教学需要,还注重培养学生的实践能力,培育学生的工匠精神,从而实现学生"知识—能力—素养"的全面提升。

　　本书分为八章,第一章为土木工程材料试验基础,主要介绍土木工程材料试验技术的基本知识;第二章～第八章详细介绍了土木工程中常用材料(砂石材料、石灰、水泥、水泥混凝土、沥青、沥青混合料、无机结合料稳定材料以及建筑钢材)的相关试验方法。本书每章后附复习思考题,以利于读者理解和掌握相关试验方法。

　　本书由东南大学王晓、周洲编著。其中,王晓负责本书第二章、第五章、第六章、第八章的编写;周洲负责本书第一章、第三章、第四章、第七章的编写,全书由周洲统稿。

　　在本书的编写过程中,编者参考了大量相关文献成果和标准规范,同时也得到了东南大学各位同仁的大力支持和帮助,在此一并向他们表示最衷心的感谢。感谢钱振东教授和章定文教授对本书编写的大力支持。

限于编者的学识水平和实践经验有限,书中难免有缺陷或漏误之处,敬请广大读者提出宝贵意见,以便进一步完善。

本书得到道路交通工程国家级实验教学示范中心(东南大学)的资助。

# 目　　录

# 第一章 土木工程材料试验技术基础

## 1.1 土木工程材料试验技术标准

技术标准(规范)是对产品与工程建设的质量、规格及其检验方法等所制定的技术规定。技术标准在经济和社会发展中占据重要的地位。土木工程材料技术标准(规范)是针对原材料及产品(制品)的组成、性能、规格、检验方法、评定方法、应用技术等制定的技术规定。显然,技术标准的类型众多,不同类型的技术标准都有其适用范围。

(1) 技术标准的等级分类

根据《中华人民共和国标准化法》的规定,按照适用范围将标准划分为国家标准、行业标准、地方标准和企业标准四个层次。

① 国家标准

国家标准是指由国家标准化主管机构批准发布,对全国经济、技术发展具有重大意义,且在全国范围内统一的标准,是四级标准体系中的主体。国家标准在全国范围内适用,其他各级标准不得与之相抵触。国家标准由国务院标准化主管部门编制计划,协调项目分工,组织制定(含修订),统一审批、编号及发布。我国颁布实施的《通用硅酸盐水泥》(GB 175—2020)、《混凝土物理力学性能试验方法标准》(GB/T 50081—2019)等属于国家标准。

② 行业标准

行业标准是指对没有国家标准而又需要在某个行业范围内统一的技术要求所制定的标准。行业标准是对国家标准的补充,是专业性、技术性较强的标准。行业标准的制定不得与国家标准相抵触,当同一内容的国家标准公布实施后,相应的行业标准应废止。行业标准由行业标准的归口部门统一管理。行业标准的归口部门及其所管理的行业标准范围由国务院有关行政主管部门提出申请,国务院标准化行政化主管部门审查确定,并公布该行业的行业标准代号。如《水泥强度快速检验方法》(JC/T 738—2004)、《铁路混凝土强度检验评定标准》(TB 10425—2019)、《普通混凝土用砂、石质量及检验方法标准》(JGJ 52—2006)、《公路水泥混凝土路面设计规范》(JTG D40—2011)等分别属于我国建筑行业、铁路行业、水利行业和交通行业的行业标准。

③ 地方标准

地方标准又称区域标准,是指对没有国家标准和行业标准而又需要在省、自治区、直辖市范围内统一工业产品的安全、卫生要求所制定的标准。地方标准由省、自治区、直辖市标准化行政主管部门制定,并报国务院标准化行政主管部门和国务院有关行政主管部门备案,仅仅在本行政区域内适用,不得与国家标准和行业标准相抵触。在国家标准或者行业标准公布实施后,相应的地方标准即行废止。如《回弹法检测砌体中普通黏土砖抗压强度技术规程》(DB34/T234—2002)属于安徽省地方标准。

④ 企业标准

企业标准是针对企业范围内需要协调、统一的技术要求、管理要求和工作要求所制定的标准。企业标准由企业制定,由企业法人代表或法人代表授权的主管领导批准、发布,是企业组织生产、经营活动的依据。《中华人民共和国标准化法》规定:"企业生产的产品没有国家标准和行业标准的,应当制定企业标准,作为组织生产的依据。企业的产品标准须报当地政府标准化行政主管部门和有关行政主管部门备案。已有国家标准或者行业标准的,国家鼓励企业制定严于国家标准或者行业标准的企业标准,在企业内部适用。"

我国各级技术标准根据需要分为试行标准和正式标准两类,又分为强制性标准与推荐性标准。如《自密实混凝土应用技术规程》(JGJ/T 283—2012)是推荐性标准。

(2) 技术标准的代号与编号

每个技术标准都有自己的代号或编号。标准代号反映该标准的等级或所属行业,用汉语拼音字母表示,见表1-1。边角采用阿拉伯数字由顺序号及年代号组成,中间加一横线分开。名称以汉字表达,它反映该标准的主要内容。例如,《通用硅酸盐水泥》(GB 175—2020)中,GB 为代号,表示国家标准,175 为顺序号,2020 为标准年代号,通用硅酸盐水泥为名称,所以 GB 175—2020 表示国家标准175 号、2020 年颁布的通用硅酸盐水泥标准。又例如,《混凝土物理力学性能试验

方法标准》(GB/T 50081—2019)中,GB/T 表示国家推荐性标准,其标准号为
50081,是2019年颁布的普通混凝土力学性能试验方法标准。

表1-1　技术标准等级、所属行业及代号

| 所属行业 | 标准代号 |
|---|---|
| 国家标准 | GB |
| 建材行业 | JC |
| 建筑行业 | JG |
| 交通行业 | JT |
| 铁路行业 | TB |
| 冶金行业 | YB |
| 水利行业 | SL |
| 电力行业 | DL |

　　由于技术标准是根据一个时间阶段的技术水平制定的,因此它只能反映该
时期的技术水平,具有暂时相对的稳定性。随着科学技术的发展,原有的标准
可能不仅不能满足技术水平发展的需要,还会限制和束缚技术的发展。因此,
技术标准应根据技术发展的速度和要求不断进行修订。我国约五年修订一次
技术标准。

　　(3)国际标准化组织

　　国际标准化组织(International Organization for Standardization,ISO),是
世界上最大的非政府性标准化专门机构,是国际范围和作用最大的标准组织之
一。ISO 的主要任务是促进全球范围内的标准化及其相关活动,便于国际间为产
品制定国际标准,协调世界范围内的标准化工作,报道国际标准化的交流情况以
及与其他国际性组织合作研究的有关标准化问题等。我国是国际标准化协会成
员国,当前我国各项技术标准正向国际标准靠拢,这将有利于我国科学技术的交
流与提高。我国评价水泥强度等级的胶砂强度试验方法采用了 ISO 标准。

# 1.2　土木工程材料试验的一般程序

　　为了准确获取土木工程材料性能的试验参数,通常应遵循以下程序。

（1）取样

在进行试验之前首先应在明确检验批数量的基础上进行取样,且所取试样须具有代表性。取样原则上为随机取样,即在若干堆（捆、包）材料中,对任意堆材料随机抽取试样。取样方法视材料而定。对砂、石等散粒材料,应自堆场的不同部位、不同高度处铲取若干,其总量应大大超过试验所需用量,然后混合均匀后用四分法缩分。四分法缩分是将试样摊成一定厚度的圆饼,沿互相垂直的两条直线把圆饼分成大致相等的四份,取其对角线的两份重新拌匀,重复上述过程,直至缩分后的材料数量略多于试验用量为止。不同材料的取样数量有不同的要求,如对袋装水泥检验批进行取样时,需要随机对检验批的至少 20 个不同部位进行取样,所取样品不少于 12 kg。

（2）仪器的选择

试验仪器设备的精度要与试验要求一致,并且要有实际意义。量程要有一定的精度,如试验中有时需要称取试件或试样的质量,称量时要求具有一定的精确度,如试样称量精度要求为 0.1 g,则应选用感量为 0.1 g 的天平。一般称量精度大致为试样重量的 0.1%。例如集料级配试验中,试样称量为 500 g,则其称量精度为 500×0.1%＝0.5 g,故选用称量为 1 000 g、感量为 0.5 g 的天平就能满足要求。有时还需考量最后运算结果的精度来选用称量设备的精度。测量试件的尺寸同样有精度要求,一般对边长大于 50 mm 的,精度可取 1 mm;对于边长小于 50 mm 的,精度可取 0.1 mm。选择试验机量程也有要求,试件极限荷载值宜为所选试验机量程的 20%～80%。

（3）试验

将取得的试样进行处理、加工或成型,制成满足试验要求的试样或试件。制备方法随试验项目而异,应严格按照各个试验所规定的方法进行。测试时,如属于标准试验,必须按照标准所规定的步骤与方法实施;如属于新试验方法或者研究性试验,需要拟定一定的试验方案与步骤,并且应相对稳定,否则无法比较与评定测试结果。

（4）试验结果计算与评定

对各次试验结果进行数据处理,一般取几次平行试验结果的算术平均值作为试验结果。试验结果应满足精确度与有效数字的要求。当试验结果经计算处理后应对其给予评定,评定其是否满足标准要求并评定其等级,在某种情况下还应对试验结果进行分析,得出结论。

## 1.3 计量单位

（1）法定计量单位的构成

土木工程材料试验过程涉及的计量单位均使用国际单位制单位或国家选定的非国际单位制单位。

① 国际单位制单位

国际计量委员会采用米、千克、秒、安培、开尔文、摩尔和坎德拉作为基本单位，将其实用计量单位制命名为"国际单位制"，并规定其符号为"SI"。

国际单位制由于结构合理、科学简明、方便实用，适用于众多科技领域和各个行业，可实现世界范围内计量单位的统一，已成为科技、经济、文教、卫生等各界的共同语言。

a. 国际单位制（SI）的构成

国际单位制的构成如图 1-1 所示。

**图 1-1 国际单位制（SI）的构成示意图**

b. 国际单位制的基本单位

国际单位制（SI）基本单位的名称和符号见表 1-2。

**表 1-2 SI 基本单位**

| 量的名称 | 单位名称 | 单位符号 |
| --- | --- | --- |
| 长度 | 米 | m |
| 质量 | 千克（公斤） | kg |
| 时间 | 秒 | s |
| 电流 | 安［培］ | A |
| 热力学温度 | 开［尔文］ | K |
| 物质的量 | 摩［尔］ | mol |
| 发光强度 | 坎［德拉］ | cd |

c. 国际单位制的导出单位

国际单位制的导出单位是基本单位以代数形式表示的单位。为了读写和应用方便,并且便于区分某些具有相同量纲和表达式的单位,出现了一些具有专门名称的导出单位,国际单位制选用了 21 个导出单位,如表 1-3 所示。国际单位制导出单位的符号和表达式可以等同使用。例如,力的单位牛顿(N)和千克米每二次方秒($kg \cdot m/s^2$)是完全等同的。

表 1-3　包括 SI 辅助单位在内的具有专门名称的 SI 导出单位

| 量的名称 | SI 导出单位 | | |
|---|---|---|---|
| | 名称 | 符号 | 用 SI 基本单位和 SI 导出单位表示 |
| [平面]角 | 弧度 | rad | $1\ rad = 1\ m/m = 1$ |
| 立体角 | 球面度 | sr | $1\ sr = 1\ m^2/m^2 = 1$ |
| 频率 | 赫[兹] | Hz | $1\ Hz = 1\ s^{-1}$ |
| 力 | 牛[顿] | N | $1\ N = 1\ kg \cdot m/s^2$ |
| 压强 | 帕[斯卡] | Pa | $1\ Pa = 1\ N/m^2$ |
| 能[量],功,热量 | 焦[耳] | J | $1\ J = 1\ N \cdot m$ |
| 功率,辐[射能]通量 | 瓦[特] | W | $1\ W = 1\ J/s$ |
| 电荷[量] | 库[仑] | C | $1\ C = 1\ A \cdot s$ |
| 电压,电动势,电位,电势 | 伏[特] | V | $1\ V = 1\ W/A$ |
| 电容 | 法[拉] | F | $1\ F = 1\ C/V$ |
| 电阻 | 欧[姆] | $\Omega$ | $1\ \Omega = 1\ V/A$ |
| 电导 | 西[门子] | S | $1\ S = 1\ \Omega^{-1}$ |
| 磁通[量] | 韦[伯] | Wb | $1\ Wb = 1\ V \cdot s$ |
| 磁通[量]密度,磁感应强度 | 特[斯拉] | T | $1\ T = 1\ Wb/m^2$ |
| 电感 | 亨[利] | H | $1\ H = 1\ Wb/A$ |
| 摄氏温度 | 摄氏度 | ℃ | $1\ ℃ = 1\ K$ |
| 光通量 | 流[明] | lm | $1\ lm = 1\ cd \cdot sr$ |
| [光]照度 | 勒[克斯] | lx | $1\ lx = 1\ lm/m^2$ |
| [放射性]活度 | 贝克[勒尔] | Bq | $1\ Bq = 1\ s^{-1}$ |
| 吸收剂量 | 戈[瑞] | Gy | $1\ Gy = 1\ J/kg$ |
| 剂量当量 | 希[沃特] | Sv | $1\ Sv = 1\ J/kg$ |

d. 国际单位制单位的倍数单位

国际单位制(SI)的导出单位在实际使用时,量值的变化范围很宽,仅用 SI 单位来表示量值并不方便。为此,SI 中规定了 20 个构成十进倍数和分数单位的词头所表示的因数。这些词头既不能单独使用,又不能重叠使用。它们仅用于与 SI 单位(kg 除外)构成 SI 单位的十进倍数单位和十进分数单位。书写过程中因数 $10^3$(含 $10^3$)以下的词头符号必须用小写正体,大于或等于因数 $10^6$ 的词头符号必须用大写正体。从 $10^{-3}$ 到 $10^3$ 是十进单位,其余是千进位,具体详见表1-4。SI 单位加上 SI 词头后两者结合为一整体称为 SI 单位的倍数单位,或者称为 SI 单位的十进倍数或分数单位。

表 1-4　SI 中用于构成十进倍数和分数单位的词头

| 所表示的因数 | 词头名称 | 词头符号 |
|---|---|---|
| $10^{24}$ | 尧[它] | Y |
| $10^{21}$ | 泽[它] | Z |
| $10^{18}$ | 艾[可萨] | E |
| $10^{15}$ | 拍[它] | P |
| $10^{12}$ | 太[拉] | T |
| $10^9$ | 吉[咖] | G |
| $10^6$ | 兆 | M |
| $10^3$ | 千 | k |
| $10^2$ | 百 | h |
| $10^1$ | 十 | da |
| $10^{-1}$ | 分 | d |
| $10^{-2}$ | 厘 | c |
| $10^{-3}$ | 毫 | m |
| $10^{-6}$ | 微 | μ |
| $10^{-9}$ | 纳[诺] | n |
| $10^{-12}$ | 皮[可] | p |
| $10^{-15}$ | 飞[母托] | f |
| $10^{-18}$ | 阿[托] | a |
| $10^{-21}$ | 仄[普托] | z |
| $10^{-24}$ | 幺[科托] | y |

② 我国选定的非国际单位制(SI)单位

在日常生活和一些特殊领域,还有一些广泛使用的、重要的非 SI 单位不能废除,尚需继续使用。因此,我国选定了若干非 SI 单位与 SI 单位一起作为国家法定计量单位。它们具有同等的地位,详见表 1-5。

表 1-5　我国选定的非 SI 单位

| 量的名称 | 单位名称 | 单位符号 | 换算关系和说明 |
|---|---|---|---|
| 时间 | 分 | min | $1\ min = 60\ s$ |
| | [小]时 | h | $1\ h = 60\ min = 3\ 600\ s$ |
| | 天(日) | d | $1\ d = 24\ h = 86\ 400\ s$ |
| [平面]角 | [角]秒 | ″ | $1'' = (\pi/64\ 800)\,rad$ |
| | [角]分 | ′ | $1' = 60'' = (\pi/10\ 800)\,rad$ |
| | 度 | ° | $1° = 60' = (\pi/180)\,rad$ |
| 旋转速度 | 转每分 | r/min | $1\ r/min = (1/60)\,s^{-1}$ |
| 长度 | 海里 | n mile | $1\ n\ mile = 1\ 852\ m$(只用于航行) |
| 速度 | 节 | kn | $1\ kn = 1\ n\ mile/h = (1\ 852/3\ 600)\ m/s$<br>(只用于航行) |
| 质量 | 吨 | t | $1\ t = 10^3\ kg$ |
| | 原子质量单位 | u | $1\ u \approx 1.660\ 540 \times 10^{-27}\ kg$ |
| 体积 | 升 | L (l) | $1\ L = 1\ dm^3 = 10^{-3}\ m^3$ |
| 能 | 电子伏 | eV | $1\ eV \approx 1.602\ 177 \times 10^{-19}\ J$ |
| 级差 | 分贝 | dB | — |
| 线密度 | 特[克斯] | tex | $1\ tex = 1\ g/km$ |
| 面积 | 公顷 | $hm^2$ | $1\ hm^2 = 10^4\ m^2$ |

我国选定的非 SI 单位包括 10 个由 CGPM 确定的允许与 SI 并用的单位,3 个暂时保留与 SI 并用的单位(海里、节、公顷)。此外,根据实际需要,我国还选取了转每分、分贝和特克斯 3 个单位,一共 6 个基本非 SI 单位,作为国家法定计量单位的组成部分。

(2) 法定计量单位的使用规则

① 法定计量单位的名称

有关单位的名称及其简称也有明确的规定,简称在不致混淆的情况下可等效于它的全称使用。例如,在一些十进倍数单位中,可只用"毫安"而不用"毫安培",但也不排斥使用"毫安培"。

组合单位的名称与其符号书写的次序一致。符号中的乘号没有对应名称,符号中的除号对应名称为"每",无论分母中有几个单位,"每"只在除号的地方出现一次。例如,电能量的常用符号 kW·h,名称应为"千瓦小时";加速度 SI 单位的符号是 $m/s^2$,其名称为"米每二次方秒",而不是"米每秒每秒"。

乘方形式的单位名称,其顺序是指数名称在单位的名称之前,相应指数名称由数字加"次方"二字组成。例如,断面惯性矩单位符号 $m^4$ 的名称应为"四次方米"。

指数为−1的单位,或分子为1的单位,其名称以"每"开头。例如,线膨胀系数的 SI 单位℃$^{-1}$或 $K^{-1}$,其名称为"每摄氏度"或"每开尔文"。

如果长度的2次方和3次方是指面积和体积,则相应的指数名称为"平方"和"立方",并置于长度单位的名称之前。

书写单位名称时,在其中不应加任何表示乘或除的符号或其他符号。例如,力矩的 SI 单位 N·m 的名称为"牛顿米",也可简写为"牛米"。

②　法定计量单位的符号

计量单位的符号分别为单位符号(即国际通用符号)和单位的中文符号(即单位名称的简称),一般推荐使用单位符号。十进制单位符号应置于数据之后,单位符号按其名称或简称读,不得按字母音读。

单位符号字母一般为小写体,但如果单位名称来源于人名,则符号的第一个字母为大写体。单位符号后不得附加任何标记,也没有复数形式。

③　词头的使用方法

a. 单位和词头的符号所用字母一律为正体。

b. 单位符号字母一般为小写体,但如果单位名称来源于人名,则符号的第一个字母为大写体。

c. 词头的符号字母,当所表示的因素小于 $10^6$ 时为小写体,大于或等于 $10^6$ 时为大写体。

d. 由单位相乘构成组合单位时,以电能量单位"千瓦小时"的符号为例,其符号可用下列形式之一: kWh 和 kW·h。

e. 相乘形式的组合单位次序无原则性规定,一般不能使用词头的单位不应放在最前面。另外,若组合单位符号中某单位符号同时又是词头符号并有可能发生混淆时,则应尽量将它置于右侧。例如,光量单位应为 lm·h,不应为 h·lm。

f. 单位和词头也可以用中文符号表示。中文符号是以单位的简称代替国际符号构成的。例如,$m/s^2$ 的中文符号为米/秒$^2$,$kg/m^3$ 的中文符号为千克/米$^3$。

g. 单位和词头推荐使用国际符号,中文符号只用于通俗出版物之中。

h. 在叙述性文字中也可使用符号表示单位,不要求一定要用单位名称。

i. 单位符号一律不用复数形式,例如,2 千克的符号为 2 kg,不可以写成 2 kgs。

j. 单位符号一般不得加下角标或其他符号来赋予其另外的含义,例如,标准状况下的体积单位不应使用 NL 表示"标准升",只应用"升"的符号 L。1948 年国际上规定并开始使用的绝对单位下角标"ab"不应再使用,改为不带下角标的单位符号。如"绝对焦耳"的符号 $J_{ab}$ 应改为"焦耳"的符号 J,"绝对安培"$A_{ab}$ 改为"安培"A。

k. 由两个以上单位相乘所构成的组合单位,其中符号的写法只用一种形式,即采用中圆点作为乘号。例如,力矩单位 N·m 的中文符号为牛·米,而不是"牛×米""牛米"等。

l. 由两个以上单位相乘所构成的组合单位,以密度单位"千克每立方米"为例,其符号可以采用以下三种形式之一:$kg/m^3$,$kg·m^{-3}$,$kgm^{-3}$。三种形式的符号在产生混淆时,尽可能用居中圆点表示乘或用斜线表示除。例如,速度单位"米每秒"的符号用 $m·s^{-1}$ 或 m/s,而不宜用 $ms^{-1}$,因为后者易混淆为"每毫秒"。

m. 由两个以上单位相除所构成的组合单位的中文符号,以热容的单位"焦耳每开尔文"为例,可采用以下两种形式之一:焦/开,焦·开$^{-1}$。

n. 在进行运算时,组合单位的除号可用斜线表示。例如,速度的单位"米每秒"在运算中可以写成 m/s 或米/秒。

o. 分子为1的组合单位的符号一般不用分式而用负数幂表示。例如,波数单位"每米"的符号是 $m^{-1}$,一般不用 1/m,中文符号是米$^{-1}$,一般不用 1/米。

p. 在用斜线(/)表示相除时,单位符号的分子和分母与斜线处于同一行内而不宜使分子高于分母。

q. 当分母中应包含两个以上单位相乘时,整个分母一般应加圆括号。例如,比热容的单位"焦耳每千克开尔文"的符号应为 J/(kg·K),一般不应为 J/kg·K,它的中文符号应为焦/(千克·开),一般不应为焦/千克·开。

r. 在组合单位的符号中,表示除号的斜线不应多于一条。不得已出现两条或多于两条斜线时,必须加括号避免混淆。例如,传热系数的单位"瓦特每平方米开尔文"的符号应为 W/(m² · K),而不应为 W/m²/K,必要时可为(W/m²)/K,中文符号为瓦/(米² · 开),而不应为瓦/米²/开,必要时可为(瓦/米²)/开。

s. 词头和单位符号之间不应有间隔,也不加表示相乘的其他符号,且符号不应加括号。例如,面积单位"平方千米"的符号为 km²,不应为 k · m²、k×m²、(km)²,其中文符号为千米²,而不应为(千 · 米)²、(千×米)²等。中文符号中圆括号只有在可能造成混淆时才使用。例如,功率单位"千瓦"的中文符号为千瓦,而不是(千瓦)。

t. 所有单位及词头符号均应按名称或简称读,不得按字母发音读。

# 1.4　统计技术和抽样技术

## 1.4.1　统计技术

### 1. 随机变量的基本概念

（1）事件和随机事件

观测或试验的一种结果称为一个事件。例如,明天的天气是晴天、阴天还是雨天,这三种可能性中的每一种都称为事件。又如,测量工件的直径所得的结果为 9.91 mm、9.92 mm、9.93 mm 等,这里每个可能出现的测量结果都称为事件。与测量结果相联系的不确定度是事件;若工件直径的真值已知,则相应的每一个误差也称为事件。

在客观世界中,我们可以把事件大致分为确定性和不确定性两类。向上抛石子必然下落,纯水在 101.325 kPa 大气压(即过去所谓的标准大气压)下加热到 100 ℃时必然沸腾等,均属肯定事件或确定性事件。抛掷一枚硬币的结果可能正面朝上,也可能反面朝上,打靶的结果可能射中,也可能射不中等,均属可疑事件或不确定性事件。

确定性事件有着内在的规律,这一点我们比较容易看到和处理。而对于不确定性事件,虽然就每一次观测或试验结果来看是可疑的,但在大量重复观测或试验下却呈现某种规律性(统计规律性)。例如,多次重复抛掷一枚硬币,会发现正面朝上与反面朝上的次数大致相等。概率论和数理统计就是从两个不同侧面来

研究这类不确定性事件的统计规律性。在概率统计中,把客观世界可能出现的事件区分为最典型的 3 种情况:

① 必然事件。在一定条件下必然出现的事件。例如工件直径的测量结果为正,是必然事件。

② 不可能事件。在一定条件下不可能出现的事件。例如工件直径的测量结果为零或负值,都是不可能事件。

③ 随机事件。在一定条件下可能出现也可能不出现的事件。例如工件直径的测量结果出现在 9.91 mm 与 9.92 mm 之间,这是一个随机事件。随机事件即是随机现象的某种结果。

(2) 随机变量

如果某一量(例如测量结果)在一定条件下,取某一值或在某范围内取值是一个随机事件,则这样的量叫作随机变量。

随机变量不同于其他变量,其特点是以一定的概率在一定的区间上取值或取某一个固定值。例如,工件直径的测量结果在 9.90~9.92 mm 区间上取值的概率为 0.9。由前所述可知,测量结果及其不确定度均为随机变量。

随机变量根据其取值的特征可以分为两种:

① 连续型随机变量。若随机变量 $X$ 可在坐标轴上某一区间内取任一数值,即取值布满区间或整个实数轴,则称 $X$ 为连续型随机变量。例如,打靶命中点的可能值是充满整个靶面的,属于连续型随机变量。

② 离散型随机变量。若随机变量 $X$ 的取值可离散地排列为 $x_1$, $x_2$, ⋯,而且 $X$ 以各种确定的概率取这些不同的值,即只取有限个实数值,则称 $X$ 为离散型随机变量。例如,在取有效数字的位数时,数字的舍入误差属于离散型随机变量。

(3) 事件的概率

随机事件的特点是在一次观测或试验中,它可能出现,也可能不出现,但是在大量重复的观测或试验中呈现统计规律性。例如,在连续 $n$ 次独立试验中,事件 $A$ 发生了 $m$ 次,$m$ 称为事件的频数,$m/n$ 则称为事件的相对频数或频率。当 $n$ 极大时,频率 $m/n$ 稳定地趋于某一个常数 $p$,此常数 $p$ 称为事件 $A$ 的概率,记为 $P(A)=p$。这就是概率的古典定义。概率是用以度量随机事件 $A$ 出现的可能性大小的数值。必然事件的概率为 1,不可能事件的概率为 0,随机事件的概率 $P(A)$ 为 $0 \leqslant P(A) \leqslant 1$。所以,必然事件和不可能事件是随机事件的两种极端情况或特例。概率可以通过一定的法则进行运算。

（4）分布函数

随机变量的特点是以一定的概率取值，但并不是所有的观测或试验都能以一定的概率取某一个固定值。例如，重复测量某圆柱体直径时，作为被测量最佳估计值的测量结果是随机变量，记为 $X$，它所取的可能值是充满某一个区间的（并非某一个固定值）。此时人们所关心的问题是：它落在该区间的概率是多少？即 $P(a \leqslant X \leqslant b) = ?$

根据概率加法定理有：

$$P(a \leqslant X \leqslant b) = P(X < b) - P(X < a) \tag{1-1}$$

显然，只要求出 $P(X < b)$ 及 $P(X < a)$ 即可，这要比求 $P(a \leqslant X \leqslant b)$ 简便得多，因为它们只依赖于一个参数。

对于任何实数 $x$，事件 $(X < x)$ 的概率当然是一个 $x$ 的函数。令 $F(x) = P(X < x)$，这里 $F(x)$ 即为随机变量 $x$ 的分布函数。所以，分布函数 $F(x)$ 完全决定了事件 $(a \leqslant X \leqslant b)$ 的概率，或者说分布函数 $F(x)$ 完整地描述了随机变量 $x$ 的统计特性。

**2. 随机变量的数字特征**

利用分布函数或分布密度函数可以完全确定一个随机变量，但在实际问题中求分布函数或分布密度函数不仅十分困难，而且常常没有必要。例如，测量零件的长度得到了一系列的观测值，人们往往只需要知道零件长度这个随机变量的一些特征量就够了，诸如长度的平均值（近似地代表长度的真值）及测量标准[偏]差（观测值对平均值的分散程度）。用一些数字来描述随机变量的主要特征显然十分方便、直观、实用，在概率论和数理统计中就称它为随机变量的数字特征。这些特征量有数学期望、方差等。

（1）数学期望

随机变量 $X$ 的数学期望记为 $E(X)$ 或简记为 $\mu_x$，用它可以表示随机变量本身的大小，说明 $X$ 的取值中心或在数轴上的位置，也称期望值。数学期望表征随机变量分布的中心位置，随机变量围绕着数学期望取值。数学期望的估计值即为若干个测量结果或一系列观测值的算术平均值。也就是说数学期望是一个平均的大约数值，随机变量的所有可能值围绕着它而变化。

① 离散型随机变量的数学期望

设某机械加工车间有 $M$ 台机床，它们时而工作时而停顿（如为了调换刀具、零件和进行测量等），为了精确估计车间的电力负荷，需要知道同时工作着的机床的台数。为此做了 N 次观察，记下诸独立事件(所有机床都不工作，有 1 台工作，有 2 台工作 ⋯⋯M 台都工作)的出现次数分别为 $m_0$，$m_1$，$m_2$，$\cdots$，$m_M$。显然，$m_0 + m_1 + \cdots + m_M = N$。则该车间同时工作的机床的平均数 $\bar{n}$ 为：

$$\bar{n} = \frac{\sum\limits_{i=0}^{M} x_i m_i}{N} = \sum_{i=0}^{M} x_i \frac{m_i}{N} = \sum_{i=0}^{M} x_i w_i \qquad (1\text{-}2)$$

式中：$w_i$ 表示 $x_i$ 台机床同时工作的频率。

当 N 很大时，频率 $w_i$ 趋于稳定而等于概率 $p_i$，故有：

$$\bar{n} = \sum_{i=0}^{M} x_i p_i \qquad (1\text{-}3)$$

由上所述，本例中同时工作的机床台数 X 是一个随机变量，其可能值为 $x_i(i=0,1,\cdots,M$，本例中 $x_0=0$，$x_1=1$，$\cdots$，$x_M=M)$，相应的概率为 $p_i(i=0,1,\cdots,M)$，则其均值 $\sum\limits_{i=0}^{M} x_i p_i$ 即称为随机变量的数学期望的估计值。它的一般形式为 $\mu_x = E(x) = \sum\limits_{i=0}^{\infty} x_i p_i$，而级数 $\sum\limits_{i=0}^{\infty} x_i p_i$ 应绝对收敛。

② 连续型随机变量的数学期望

设连续型随机变量 X 的分布密度函数为 $f(x)$，且 $\int_{-\infty}^{+\infty} |x| \, dx$ 收敛，根据类似的定义，则 X 的数学期望为：

$$\mu_x = E(X) = \int_{-\infty}^{+\infty} x f(x) \, dx \qquad (1\text{-}4)$$

对任意一个具有分布函数 $F(x)$ 的随机变量 X 而言，则有：

$$\mu_x = E(X) = \int_{-\infty}^{+\infty} x \, dF(x) \qquad (1\text{-}5)$$

因此，数学期望是均值这一概念在随机变量上的推广，它不是简单的算术平均值，而是以概率为权的加权平均值。

(2) 方差

只用数学期望还不能充分描述一个随机变量。例如，对于测量而言，数学期望可用来表示被测量本身的大小，但是关于测量的可信程度或品质高低(比如各个测得值对数学期望的分散程度)，就要用另一个特征量——方差来表示。下面以两种方法对某一量进行测量所得的测量结果(列于表 1-6 和表 1-7)为例,看一下哪种方法更为可信或品质更高。

表 1-6 按方法 I 所得的测量结果

| 测量值 | 28 | 29 | 30 | 31 | 32 | 偏差绝对值 | 0 | 1 | 2 |
|---|---|---|---|---|---|---|---|---|---|
| 概率 | 0.1 | 0.15 | 0.5 | 0.15 | 0.1 | 概率 | 0.5 | 0.3 | 0.2 |

表 1-7 按方法 II 所得的测量结果

| 测量值 | 28 | 29 | 30 | 31 | 32 | 偏差绝对值 | 0 | 1 | 2 |
|---|---|---|---|---|---|---|---|---|---|
| 概率 | 0.13 | 0.17 | 0.4 | 0.17 | 0.13 | 概率 | 0.4 | 0.34 | 0.26 |

我们比较两个表中的偏差绝对值及概率,很容易看出在没有系统效应情况下,方法 I 的测量品质比方法 II 要高。同时,也可以看出它们的数学期望是相等的,均为:

$$E(X) = \sum_{i=1}^{5} x_i p_i = 30.0 \tag{1-6}$$

这就意味着还需要用另一个数字特征量即方差,来进一步描述随机变量的分散性或离散性。方差定义为:随机变量 $X$ 的每一个可能值对其数学期望 $E(X)$ 的偏差的平方的数学期望。它描述了随机变量 $X$ 对数学期望 $E(X)$ 的分散程度,即:

$$D_x = D(X) = E\{[X - E(X)]^2\} \tag{1-7}$$

① 离散型随机变量的方差

$$D_x = D(X) = \sum_{i=1}^{\infty} (x_i - M_i)^2 p_i \tag{1-8}$$

对于上述的测量实例,由表中的数据可以算出方差。

按测量方法 I:$D_1(X) = \sum_{i=1}^{5} (x_i - \mu_x)^2 p_i = 1.10$

按测量方法 II:$D_2(X) = \sum_{i=1}^{5} (x_i - \mu_x)^2 p_i = 1.38$

由此可知,若方差小,各测得值对其均值的分散程度就小,则在不考虑系统效应的情况下其测量品质高,或更为可信、有效。

② 连续型随机变量的方差

$$D(X) = \int_{-\infty}^{+\infty} (x_i - \mu_x)^2 f(x) \mathrm{d}x \tag{1-9}$$

方差 $D(X)$ 的量纲是随机变量 $X$ 量纲的平方。为了更为实用和易于理解,最好用与随机变量同量纲的量来说明或表述分散性,故将方差开方取正值得:

$$\sigma_x = \sqrt{D(X)} \tag{1-10}$$

### 3. 随机变量的基本定理

（1）大数定律

对于自然界中的随机现象,虽然不可能确切地判定它的状态及其变化的规律性,但是由于人们在长期实践中积累了丰富的经验,因而能够确定某些事件的概率接近于 1 或 0。也就是说,在一次观测或试验中把概率接近于 1 或 0 的事件分别看成必然事件或不可能事件。

大数定律的意义就在于:以接近 1 的概率来说明大量随机现象的平均结果具有稳定性,从而在确定不变的条件下,可把随机变量视为非随机变量。例如,气体的压力等于单位时间内撞击在单位面积上的气体分子的总效果,显然气体分子撞击的次数及速度是随机变量,但气体的压力可以认为是一个常数。

① 切比雪夫定理

设 $X_1$, $X_2$, $\cdots$, $X_n$ 为互相独立的随机变量序列,同时其数学期望 $E(X_i) = \mu$,方差 $D(X_i) \leqslant C$（$C$ 是常数, $i = 1 \sim n$）,则对任意的 $\varepsilon > 0$,恒有:

$$\lim_{x \to \infty} P\left\{ \frac{1}{n} \sum_{i=1}^{n} |x_i - \mu| < \varepsilon \right\} = 1 \tag{1-11}$$

这便是切比雪夫定理。它的实际意义在于,当我们测量某一量时,其数学期望为 $\mu$,进行了 $n$ 次独立的重复观测,观测值为 $x_i$（$i = 1 \sim n$）,那么当 $n$ 充分大时,可以用算术平均值 $\frac{1}{n} \sum_{i=1}^{n} x_i$ 代替 $\mu$。换言之,随机变量序列依概率收敛于 $\mu$。

② 伯努利定理

在 $n$ 次独立观测或试验中,事件 $A$ 的出现次数为 $m$,则当 $n$ 无限增大时,频率 $m/n$ 依概率收敛于它的概率 $p$,即对任意的 $\varepsilon > 0$,恒有:

$$\lim_{x \to \infty} P\left\{ \left| \frac{m}{n} - p \right| < \varepsilon \right\} = 1 \tag{1-12}$$

这就是历史上最早发现的大数定律,又称为伯努利定理。它的实际意义在于在观测或试验的条件稳定不变时,如果 $n$ 充分大,则可用频率代替概率,此时频率具有很高的稳定性。

（3）中心极限定理

中心极限定理粗略地说就是大量的独立随机变量之和,具有近似于正态的分布。例如,在测量某量时,产生测量不确定度的随机因素很多,这些个别因素所引起的测量不确定度分量通常很小,但其总和（合成）却较大。为了研究这种合成不确定度的特性,就需要知道相互独立的随机变量之和的分布函数或分布密度函数的形状及其存在条件。

由概率论可以证明,若 $x_i(i=1,2,\cdots,n)$ 为独立分布的随机变量,则其和的分布近似于正态分布,而不管个别变量的分布如何。随着 $n$ 的增大,这种近似程度也增加。通常若 $X_i$ 同分布,且每一 $X_i$ 的分布与正态分布相差不大时,即 $n \geqslant 4$,中心极限定理也能保证相当好的近似正态性。这个结论具有重要的实际意义。

**4. 常见随机变量的概率分布及其数字特征**

（1）均匀分布

被测量 $X$ 服从均匀分布（矩形分布）,如图 1-2 所示,试求其数学期望值 $\mu_x$、方差 $D_x$ 以及标准[偏]差 $\sigma$。

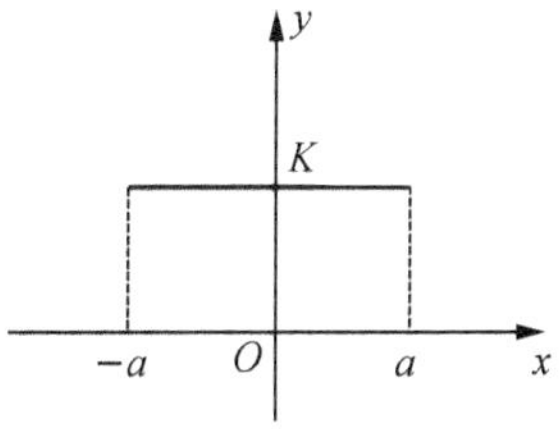

现设其概率分布密度为 $f(x)$,它在 $-a$ 到 $+a$ 区间内为一常数,令其为 $K$,则

$$y=f(x)=K$$

被测量落在 $-a$ 到 $+a$ 区间内的概率应为1,故有:

图 1-2 均匀分布

$$\int_{-a}^{+a} f(x)\mathrm{d}x = \int_{-a}^{+a} K\mathrm{d}x = 1 \tag{1-13}$$

即得 $K=\dfrac{1}{2a}$,因此概率分布为 $y=f(x)=\dfrac{1}{2a}$。

被测量的期望值为 $\mu_x=\int_{-a}^{+a} xf(x)\mathrm{d}x=\dfrac{1}{2a}\int_{-a}^{+a} x\mathrm{d}x$。

被测量的方差为（注意到 $\mu_x=0$）:

$$D_x=\int_{-a}^{+a}(x-\mu_x)^2 f(x)\mathrm{d}x=\int_{-a}^{+a}x^2 f(x)\mathrm{d}x=\dfrac{1}{2a}\int_{-a}^{+a}x^2\mathrm{d}x=\dfrac{a^2}{3} \tag{1-14}$$

所以标准[偏]差 $\sigma = \sqrt{D_x} = \dfrac{a}{\sqrt{3}}$。

上式即为被测量服从均匀分布时,其标准[偏]差与分散区间半宽之间的关系式。

在某一区间 $[-a, a]$ 内,被测量值以等概率落入,而落于该区间外的概率为 0,则称被测量值服从均匀分布,通常记作 $U[-a, a]$。服从均匀分布的测量有:

① 数据切尾引起的舍入不确定度;

② 电子计数器的量化不确定度;

③ 摩擦引起的不确定度;

④ 数字示值的分辨力;

⑤ 滞后;

⑥ 仪器度盘与齿轮回差引起的不确定度;

⑦ 平衡指示器调零引起的不确定度。

在缺乏任何其他信息的情况下,一般假设为服从均匀分布。

另外,服从均匀分布的变量的正弦或余弦函数服从反正弦分布(见图1-3)。服从反正弦分布的测量有:

① 度盘偏心引起的测角不确定度;

② 正弦振动引起的位移不确定度;

③ 无线电中失配引起的不确定度;

④ 随时间正余弦变化的温度不确定度。

(2) 正态分布

被测量 $X$ 服从正态分布(拉普拉斯-高斯分布)。

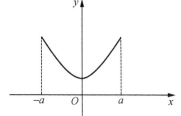

图 1-3　反正弦分布

下面简述密度函数中参数 $\mu$ 和 $\sigma$ 的实际意义和分布曲线的特点。

正态分布的概率分布密度函数见公式 1-15,所示,其正态分布如图 1-4(a) 所示:

$$f(x) = \frac{1}{\sigma \sqrt{2\pi}} \exp\left[-\frac{1}{2}\left(\frac{x-\mu}{\sigma}\right)^2\right] \quad (-\infty < x < +\infty) \qquad (1\text{-}15)$$

根据连续性随机变量数学期望和方差的定义,可以算得(通过简单的积分)被测量的期望值 $\mu_x$ 恰为概率分布密度函数中的参数 $\mu$,而被测量的方差 $D_x$ 恰为概率分布密度函数中的参数 $\sigma^2$,这是正态分布的重要特点。对于均值为 $\mu$、标准

[偏]差为 $\sigma$ 的正态分布,通常记为 $N(\mu, \sigma^2)$。对于均值为零、标准[偏]差为 $\sigma$ 的正态分布,则记为 $N(0, \sigma^2)$。

由图 1-4(a)可见,正态分布曲线在 $x = \mu$ 处具有极大值,曲线不仅是单峰的,而且对 $x = \mu$ 直线来说是对称的。由图 1-4(b)可见,正态分布的中心在 $x = \mu$ 处,$\mu$ 值的大小决定了曲线在 $x$ 轴上的位置。由图 1-4(c)可见,在相同 $\mu$ 值下,$\sigma$ 值愈大,曲线愈平坦,即随机变量的分散性愈大;反之 $\sigma$ 愈小,曲线愈尖锐(集中),随机变量的分散性愈小。还可以看到,正态分布曲线在 $x = \mu \pm \sigma$ 处有拐点。图1-4(d)对两条不同 $\mu$ 值和不同 $\sigma$ 的正态分布曲线进行了比较。

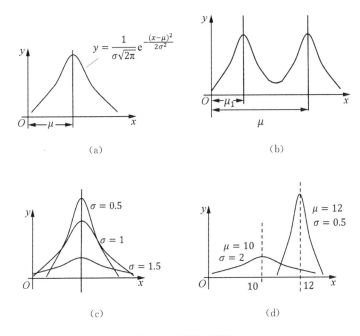

图 1-4 正态分布图

显然,随机变量的分布是多种多样的,而正态分布在计量领域极其重要。这是因为概率论的中心极限定理表明,正态分布在测量应用中具有实际意义。例如,在 3~5 次独立的重复条件下,观测值的平均值的分布是近似正态的,而不必考虑单次观测值的分布是否为正态。

受大量、微小、独立因素影响的连续型随机变量,当样本大小 $n$ 有限时,作出以 $f(x)$ 为纵坐标的直方图。观察其图形,得到的结论是"两头少、中间多",且图形基本上呈对称型,整个图形与横轴所围的面积为1。

当样本大小 $n$ 充分大时,直方图将更加对称,而台阶形的折线也将趋于一条光滑曲线(见图 1-5)。这条曲线有如下 4 个特点：

① 单峰性，即曲线在均值处具有极大值；

② 对称性，即曲线有一对称轴，轴的左右两侧曲线是对称的；

③ 有一水平渐近线，即曲线两头将无限接近于横轴；

④ 在对称轴左右两边曲线上离对称轴等距离的某处，各有一个拐弯的点(拐点)。

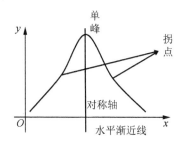

图 1-5　正态分布概率密度曲线

把从经验中得出的直方图上升为理论，找到具有上面 4 个特点的曲线，且曲线下的面积是 1。

正态分布是人们在考察自然科学和工程技术中得到的一种连续分布，是对大量实践经验抽象的结果。例如一批机器零件毛坯的重量，在相同条件下加工出来的一批螺栓口径大小，细纱的强度，同一民族同性别成年人的身体高度，射击时中靶点的横坐标(或纵坐标)，测量误差等连续型随机变量，都服从正态分布。

正态分布以 $x = \mu$ 为其对称轴，它是正态总体的平均值。参数 $\sigma$ 刻画总体的分散程度，它是总体的标准[偏]差。所以，正态分布曲线可由总体平均值 $\mu$ 及标准[偏]差 $\sigma$ 确定。图1-4(c)给出了 $\mu$ 相同、$\sigma$ 不同($\sigma=0.5$、$\sigma=1$、$\sigma=1.5$)的正态分布图形。

由于 $\mu$、$\sigma$ 能完全表达正态分布的形态，所以常用简略记号 $X \sim N(\mu, \sigma^2)$ 表示正态分布。当 $\mu=0$，$\sigma=1$ 时，$X \sim N(0, 1)$ 称为标准正态分布。

在概率论中，$X$ 落在下述区间内的概率特别有用(见图 1-6)：

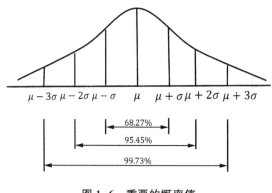

图 1-6　重要的概率值

$$P(\mu - \sigma \leqslant X \leqslant \mu + \sigma) = 0.682\ 7 \tag{1-16}$$

$$P(\mu - 2\sigma \leqslant X \leqslant \mu + 2\sigma) = 0.954\ 5 \tag{1-17}$$

$$P(\mu - 3\sigma \leqslant X \leqslant \mu + 3\sigma) = 0.997\ 3 \tag{1-18}$$

（3）$t$ 分布

被检测 $X_i \sim N(\mu, \sigma^2)$，其 N 次测得值的算术平均值 $\bar{x} \sim N\left[\mu, \dfrac{\sigma^2}{N}\right]$。设 N 充分大，则：

$$\frac{\bar{x} - \mu}{\dfrac{\sigma}{\sqrt{N}}} \sim N[0,\ 1] \tag{1-19}$$

若以有限 $n$ 次测量的标准[偏]差 $s$ 代替无穷 N 次测量的标准[偏]差 $\sigma$，则：

$$\frac{\bar{x} - \mu}{\dfrac{s}{\sqrt{N}}} \sim t(\nu) \tag{1-20}$$

式中：$\nu$ 为自由度。上式即为服从 $t$ 分布的表示式，当自由度 $\nu$ 趋于 $\infty$ 时，$s$ 趋于 $\sigma$，$t(\nu)$ 趋于 $N(0,\ 1)$。

$t$ 分布是一般形式，而标准正态分布是其特殊形式，$t(\nu)$ 成为标准正态分布的条件是当自由度 $\nu$ 趋于 $\infty$（见图 1-7）。

对于 $t$ 分布，$t$ 变量处于 $[-t_p(\nu),\ +t_p(\nu)]$ 内的概率为 $p$，$t_p(\nu)$ 为其临界值（见图 1-8）。

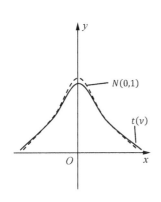

图 1-7　分布与标准正态分布

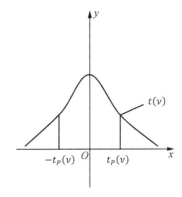

图 1-8　临界值 $t_p(\nu)$

### 5. 统计中常见术语的图示

统计分布中常见的术语(以标准正态分布为例)见图 1-9:

① 置信水平(置信概率,置信度)以 $p$ 表示;

② 显著性水平(显著度)以 $\alpha$ 表示,$\alpha = 1-p$;

③ 置信区间以 $[-k\sigma, k\sigma]$ 表示;

④ 置信因子以 $k$ 表示,当分布不同时,$k$ 值也不同。

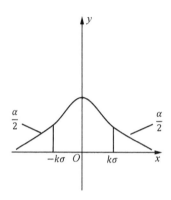

**图 1-9  统计分布中常见术语图解**

对于正态分布而言,$k$、$p$ 的对应值如表 1-8 所示。

**表 1-8  正态分布 $k$, $p$ 对应值**

| $p(\%)$ | 50 | 68.27 | 90 | 95 | 95.45 | 99 | 99.73 |
|---|---|---|---|---|---|---|---|
| $k$ | $\frac{2}{3} \approx 0.67$ | 1 | 1.65 | 1.96 | 2 | 2.58 | 3 |

对于均匀分布,$k = \sqrt{3}$;

对于三角分布,$k = \sqrt{6}$;

对于反正弦分布,$k = \sqrt{2}$。

## 1.4.2  抽样技术基础

### 1. 抽样检验

检验检测是通过观察和判断,并结合测量、试验确定合格评定对象的一个或多个特性并进行符合性评价,这种评价要依据测量、试验结果。然而现实中不可能对所有需要评价的对象进行全数检验,有的也不可以(例如破坏性试验),大多数也没有必要。实际上现代检验技术包括采用抽样检测方法,通过抽样从一定的被测对象总体中按一定程度抽取规定数量的具有代表性的样品,对这些规定数量的具有代表性的样品进行检测,根据得到的结果和预期判定规则比较,就可以判定总体质量状况。抽样检验是以概率统计理论为基础,以假设检验为依据建立的现代抽样检验方法。

抽样过程主要解决三个方面的问题:一是确定从总体抽多少样品才有代表性(样本大小);二是怎样从总体中抽出规定的样品才能保证代表性(抽取样品的方法);三是怎样预先确定检测结果判定规则才是合理的(判定规则)。样本量和对抽样的要求构成抽样方案。

按检验值特性属性可以将抽样检验分为计数抽样和计量抽样。

计数抽样检查包括计件(统计不合格品数)的抽样和计点(统计不合格数)的抽样。当以样本的不合格品数作为批合格的判定依据时,称为计件抽样检查;当以样本的不合格数作为判定依据时,称为计点抽样检查。当以样本单位的计量特性值为判定依据时,称为计量抽样检查。它只适合于单位产品的质量特性是以计量的方式表示的场合,且对每个质量特性要分别检查。计量抽样检查可以对批的平均值提出要求,也可以对批的不合格品率提出要求。对于后者,批的质量以计数的方法表示,但样本的质量仍以计量的方法表示。

按抽取样本的个数又可分为一次抽样检验、二次抽样检验、多次抽样检验和序贯抽样检验。

**2. 抽样方法简介**

从检查批中抽取样本的方法称为抽样方法。抽样方法的正确性是指抽样的代表性和随机性。代表性反映样本与批质量的接近程度,而随机性反映检查批中单位产品被抽入样本纯属偶然,即由随机因素所决定。在对总体质量状况一无所知的情况下,显然不能以主观的限制条件去提高抽样的代表性,抽样应当是完全随机的,这时采用简单随机抽样最为合理。在对总体质量构成有所了解的情况下,可以采用分层随机或系统随机抽样来提高抽样的代表性。在采用简单随机抽样有困难的情况下,可以采用代表性和随机性较差的分段随机抽样或整群随机抽样。这些抽样方法除简单随机抽样外,都是带有主观限制条件的随机抽样法。通常只要不是有意识地抽取质量好或坏的产品,尽量从批的各部分抽样,都可以近似地认为是随机抽样。

具体抽样方法要根据被测对象确定,一般在相应标准中都有规定,区分固体、液体、气体、流体、粉状、颗粒,以及包装、容器等,应严格按标准规定方法执行抽样。

（1）简单随机抽样

根据 GB/T 10111—2008《随机数的产生及其在产品质量抽样检验中的应用程序》规定,简单随机抽样是指"从含有 $N$ 个个体的总体中抽取 $n$ 个个体,使包含有 $n$ 个个体的所有可能的组合被抽取的可能性都相等"。显然,采用简单随机抽样法时,批中的每一个单位产品被抽入样本的机会均等,它是完全不带主观限制条件的随机抽样法。操作时可将批内的每一个单位产品按 1 到 $N$ 的顺序编号,根据获得的随机数抽取相应编号的单位产品,随机数可按国标用掷骰子,或者抽签、查随机数表等方法获得。

（2）分层随机抽样

如果一个批是由质量明显差异的几个部分组成,则可将其分为若干层,使层内的质量较为均匀,而层间的差异较为明显。从各层中按一定的比例随机抽样,即称为分层按比例抽样。在正确分层的前提下,分层抽样的代表性比较好,但是如果对批质量的分布不了解或者分层不正确,则分层抽样的效果可能会适得其反。

（3）系统随机抽样

如果一个批的产品可按一定的顺序排列,并可将其分为数量相当的几个部分,此时,从每个部分按简单随机抽样方法确定的相同位置各抽取一个单位产品构成一个样本,这种抽样方法即称为系统随机抽样。它的代表性在一般情况下比较好。但在产品质量波动周期与抽样间隔正好相当时,抽到的样本单位可能都是质量好的或都是质量差的产品,显然此时代表性较差。

（4）分段随机抽样

如果先将一定数量的单位产品包装在一起,再将若干个包装单位（例如若干箱）组成批时,为了便于抽样,此时可采用分段随机抽样的方法:第一段抽样以箱作为基本单元,先随机抽出 $k$ 箱;第二段再从抽到的 $k$ 个箱中分别抽取 $m$ 个产品,集中在一起构成一个样本,$m$ 的大小必须满足 $k \times m = n$。分段随机抽样的代表性和随机性都比简单随机抽样要差些。

（5）整群随机抽样

如果在分段随机抽样的第一段将抽到的 $k$ 组产品中的所有产品都作为样本单位,此时即称为整群随机抽样。实际上,它可以看作是分段随机抽样的特殊情况,显然这种抽样的随机性和代表性都是较差的。

# 1.5　试验设计与分析

## 1.5.1　正交试验设计方法

正交试验设计方法是根据因子设计的分式原理,采用由组合理论推导出的正交表,科学地安排研究各因素多水平作用的试验的设计方法。它根据正交性从全面试验中挑选出部分有代表性的点进行试验,是一种高效率、快速、经济的试验设计方法。日本学者田口玄一将正交试验选择的水平组合列成表形成正交表。在确定影响试验结果的每个因素和每个因素的水平后,可以根据正交表安排试验。例如,做一个三因素三水平的试验,按全面试验要求,需进行 $27(3^3=27)$ 种组合的试验,且尚未考虑每一组合的重复数。若按正交表安排试验,只需做 9 次即可。正交试验设计在土木工程材料的研究中经常用到。正交试验设计通过确定因素与水平、选正交表、设计表头和试验方案来完成。

**1. 因素与水平的选择**

因素是指影响试验结果的每种原因或要素。凡是对试验结果可能有较大影响的因素均不得忽略掉。正交试验设计方法作为多因素试验的得力工具,不用担心因素过多,有时还可增加一两个因素,但不增加试验次数。为此,一般倾向于多考察一些因素。例如,混凝土强度的主要影响因素有水泥的强度、水灰比、掺合料用量、凝胶材料总量等。因此,研究混凝土的强度时,应将水泥的强度、水灰比(或水胶比)、掺合料用量、凝胶材料总量等作为正交试验设计的因素。

水平是指因素所处的具体状态或情况,又称等级。每个因素的状态发生变化时会带来试验结果的变化。土木工程材料试验中主要涉及的因素是数量因素(赋有具体数值)。数量因素在取多个水平时,水平间的间隔需要取得合适。取得过窄,结果可能得不到任何有用的信息;取得过宽,结果会出现试验无法进行下去的情况。最好结合专业知识或通过预试验,对因素的水平变动范围有一个初步了解。认为在技术上是可行的,一开始就应尽可能取得宽,随着试验的反复进行和数据的积累,再把水平的幅度逐渐缩小。例如,影响混凝土强度结果的水灰比(或水胶比)因素,可在 0.25～0.70 范围内波动,对于高强度混凝土,可在 0.25～0.35

范围内分隔为三(或四)个水平;对于普通混凝土,在 $0.35 \sim 0.55$ 范围内分隔为四(或五)个水平。

**2. 正交表的选择**

确定试验的因素和水平后,用正交表来安排试验。正交表请查阅有关参考书。

正交表分为单一水平正交表和混合水平正交表。各因素的水平数相同的正交表为单一水平正交表。这类正交表的写法如 $L_9(3^4)$,其中,L 为正交表的代号,下角标 9 为试验的次数,3 为每一列(因素)的水平数,上角标 4 为正交表的列数(因素数)。

各因素的水平不相同的正交表为混合水平正交表。这类正交表的写法如 $L_8(4^1 \times 2^4)$,其中,L 为正交表的代号,下角标 8 为试验的次数,$4^1$ 表示 4 水平列(因素)的列数为 1,$2^4$ 表示 2 水平列(因素)的列数为 4。

土木工程材料试验所涉及的正交试验设计在选择正交表时应满足以下要求:

(1) 先看水平数,若各因素全是 2 水平,就选用 $L(2^*)$ 表;若各因素全是 3 水平,就选 $L(3^*)$ 表。若各因素的水平数不相同,就选择适用的混合水平正交表。

(2) 每一个交互作用在正交表中应占一列或二列。

(3) 要提高试验的精度,宜取试验次数多的 L 表。

(4) 按原来考虑的因素、水平和交互作用去选择正交表,若无正好适用的正交表可选,简便且可行的办法是适当修改原定的水平数。

(5) 在对某因素或某交互作用的影响是否存在没有把握的情况下,若条件许可,应尽量选用大表,让存在可能性较大的因素和交互作用各占适当的列。

**3. 正交试验设计**

正交试验设计的基本步骤是:①明确实验目的,确定评价指标;②挑选因素,确定水平;③选正交表,进行表头设计;④确定试验方案,进行试验得到结果;⑤对试验结果进行统计分析,并验证试验结果。

为了配置高强度混凝土,进行的优化配合比试验可以采用正交试验设计方法。混凝土强度的主要影响因素有水泥强度、水胶比、掺合料用量等。因此,为获得高强度,应将水泥的强度、水胶比、掺合料用量作为因素 A、B、C。根据已有的研究资料与原材料条件,将水泥强度的水平定为 $A_1$、$A_2$、$A_3$;水胶比的水平定为 $B_1$、$B_2$、$B_3$;掺合料用量的水平定为 $C_1$、$C_2$、$C_3$。本试验设计有三个因素,每个因素有三个水平,可选择单一水平正交表 $L_9(3^4)$。根据所选的正交表安排的试验见表 1-9。根据表 1-9 进行试验,将本来应该进行 27 次组合的试验减少至 9 次即可。

表 1-9　试验安排表

| 试验号 | 1 | 2 | 3 |
| --- | --- | --- | --- |
|  | 水泥强度（A） | 水胶比（B） | 掺合料用量（C） |
| 1 | 1($A_1$) | 1($B_1$) | 1($C_1$) |
| 2 | 1($A_1$) | 2($B_2$) | 2($C_2$) |
| 3 | 1($A_1$) | 3($B_3$) | 3($C_3$) |
| 4 | 2($A_2$) | 1($B_1$) | 2($C_2$) |
| 5 | 2($A_2$) | 2($B_2$) | 3($C_3$) |
| 6 | 2($A_2$) | 3($B_3$) | 1($C_1$) |
| 7 | 3($A_3$) | 1($B_1$) | 3($C_3$) |
| 8 | 3($A_3$) | 2($B_2$) | 1($C_1$) |
| 9 | 3($A_3$) | 3($B_3$) | 2($C_2$) |

## 1.5.2　试验数据分析

在土木工程施工与材料研究过程中,要对大量的原材料和半成品进行试验,在取得了原始的测试数据之后,为了得到所需要的科学结论,常需要对测试数据进行一系列的分析和处理,从而对原材料及工程质量进行评价,提出改进措施。数据处理的最基本方法为数理统计方法。

**1. 算术平均值**

算术平均值就是集合平均数的值。算术平均值是一个经常用到的很重要的数值。测试得数值越多,它越接近真值。算术平均值可以用来了解一批数据的平均水平,度量这些数据的中间位置。当测量值的分布服从正态分布时,用最小二乘法原理可以证明:在一组等精度的测量中,算术平均值为最佳值或最可信赖值。

算术平均值的公式:

$$\bar{x} = \frac{x_1 + x_2 + \cdots + x_n}{n} = \frac{\sum\limits_{i=1}^{n} x_i}{n} \qquad (1\text{-}21)$$

式中：$x_1$，$x_2$，$\cdots$，$x_n$——各试验数据；

$\sum\limits_{i=1}^{n} x_i$——各试验数据相加之和；

$n$——试验数据个数。

**2. 误差**

由于所使用的测量设备、所采用的测量方法以及人们对测量环境的控制受到科学水平的限制，测量结果与被测对象的客观实际存有一定的差异，即测量结果与真值之间存在一定的差异，这种差异称为误差。

根据误差的性质和产生原因，误差可分为系统误差、偶然误差和过失误差三大类。

系统误差是指在测量过程中数值变化规律已确切知道的误差。系统误差的来源主要有工具误差、装置误差、人身误差、外界误差和方法误差。

偶然误差又称随机误差。当同一条件下对同一对象进行反复测量时，在消除了系统误差的影响后，每次测量的结果还会出现差异，这样的误差称为偶然误差。

过失误差是一种与事实不符的误差。产生的原因主要是操作人员粗心大意、过度疲劳和操作不正确等。

误差的表示方法有范围误差、算术平均差和标准差等。

（1）范围误差

范围误差是一组试验值中最大值和最小值之差，用来表示误差变化的范围，又称极差。

例如，3块混凝土试件的抗压强度分别为 30.5 MPa、31.2 MPa 和 29.3 MPa，则这组试件的范围误差为 31.2－29.3＝1.9（MPa）。

范围误差的优点是简便直观，缺点是它只取决于一组测量值的两个极端值，而与测量次数中间的数据大小无关，违背了偶然误差与测量次数有关这一事实。

（2）算术平均差

算术平均差是表示误差的一种比较好的方法。其表达式为：

$$\delta = \frac{|x_1 - \bar{x}| + |x_2 - \bar{x}| + \cdots + |x_n - \bar{x}|}{n} = \frac{1}{n}\sum\limits_{i=1}^{n} |x_i - \bar{x}| \qquad (1\text{-}22)$$

式中：$x_1$，$x_2$，$\cdots$，$x_n$ ——各试验数据值；

$\bar{x}$ ——试验数据值的算术平均值；

$n$ ——试验数据个数。

算术平均差的缺点是无法表示出各次测试之间彼此符合的程度。

（3）标准差

标准差反映某组数据集的离散程度，其表达式为：

$$S = \pm\sqrt{\frac{1}{n}\sum_{i=1}^{n}(x_i-\bar{x})^2} \tag{1-23}$$

当测试次数 $n$ 为有限次数时，标准差用式（1-24）表示：

$$S = \pm\sqrt{\frac{1}{n-1}\sum_{i=1}^{n}(x_i-\bar{x})^2} \tag{1-24}$$

式中：$x_1$，$x_2$，$\cdots$，$x_n$ ——各试验数据值；

$\bar{x}$ ——试验数据值的算术平均值；

$n$ ——试验数据个数。

标准差 $S$ 是测试值 $x_i$ 的函数，而且对一组测量中的 $x_i$ 大小比较敏感，所以它是表示精度的一个较好的指标。

**3. 变异系数**

变异系数又称标准差率，是衡量资料中各测试值变异程度的另一个统计量。当进行两个或多个资料变异程度的比较时，如果度量单位与平均数相同，可以直接利用标准差来比较。当单位和平均数不同时，比较其变异程度就不能采用标准差，而需采用标准差与平均数的比值（相对值）。变异系数可以消除单位和平均数不同对两个或多个资料变异程度比较的影响。变异系数 $C_v$ 的计算公式为：

$$C_v = \frac{S}{\bar{x}}\times100\% \tag{1-25}$$

式中：$S$ ——标准差；

$\bar{x}$ ——试验数据的算数平均值。

从变异系数的表达式中可以看出标准差不能表示数据的波动情况。例如，甲、乙两厂均生产 42.5 级硅酸盐水泥，甲厂某月生产的水泥 28 d 抗压强度平均值为 48.96 MPa，标准差为 1.88 MPa，同月乙厂生产的水泥 28 d 抗压强度平均值为 45.54 MPa，标准差为 1.82 MPa，两厂的变异系数计算如下：

甲厂：

$$C_v = \frac{1.88}{48.96} \times 100\% = 3.84\%$$

乙厂：

$$C_v = \frac{1.82}{45.54} \times 100\% = 4\%$$

从标准差看，甲厂大于乙厂，但从变异系数看，甲厂小于乙厂。这说明乙厂生产的水泥强度相对波动要比甲厂大，产品的稳定性较差。

**4. 可疑数据的取舍**

在一组条件完全相同的重复试验中，个别的测量值可能会出现异常，如测量值过大或过小。这些过大或过小的数据是不正常的，或称为可疑数据。对于这些可疑数据，应该用数理统计方法判别其真伪，并决定取舍。常用的方法有拉依达法、肖维纳特(Chavenet)法、格拉布斯(Grubbs)法等。

**5. 数值修约规则**

在进行具体的数字运算前，通过省略原数值的最后若干位数字，调整保留的末位数字，使最后所得到的数值最接近原数值的过程，称为数值修约。

《有关量、单位和符号的一般原则》(GB 3101—1993)对数字修约规则做了具体规定。在制定、修订标准中，各种测量值、计算值需要修约时，应按下列规则进行：

① 在拟舍弃的数字中，保留数后边(右边)第一个数小于5(不包括5)时，则舍去。保留数的末位数字不变。

② 在拟舍弃的数字中，保留数后边(右边)第一个数字大于5(不包括5)时，则进一，即保留数的末位数字加一。例如，将38.476 3修约到保留一位小数，修约后为38.5。

③ 在拟舍弃的数字中保留数后边(右边)第一个数字等于5,5后边的数字并非全部为零时则进一，保留数末位数字加一。例如，将2.050 3修约到保留小数一位，修约后为2.1。

④ 在拟舍弃的数字中，保留数后边(右边)第一个数字等于5,5后边的数数字全部为零时，保留数的末位数字为奇数时则进一，保留数的末位数字为偶数(包括"0")则不进。例如将0.750 0修约到保留一位小数，修约后为0.8。

⑤ 拟舍弃的数字若为两位以上的数字，不得连续进行多次(包括两次)修约，

应根据保留数后边（右边）第一个数字的大小，按上述规定一次修约出结果。例如，将 28.464 3 修约成整数，修约后为 28。

**6. 一般关系式的建立**

在处理数据时，经常遇到两个变量因素的试验值，如混凝土抗压强度和水灰比、混凝土抗压强度与抗拉强度、水泥强度与龄期等，可利用试验数据找出它们之间的关系，建立两个变量因素的经验相关公式。

两个变量间最简单的关系是直线关系，其普遍式是：

$$Y = B + AX \tag{1-26}$$

式中：$Y$ ——因变量；

　　　$X$ ——自变量；

　　　$A$ ——系数或斜率；

　　　$B$ ——常数或截距。

通常见到的两个变量间的经验相关公式，大多数是简单的直线关系公式，如标准稠度 $P = 33.4 - 0.185\,S$（下沉深度），$R_h = 0.46 R_c (C/W - 0.07)$ 等经验公式都是直线关系式。

# 1.6　试验报告

试验的主要内容都应在试验报告中反映。试验报告的形式可以不尽相同，但其内容都应该包括：

1. 试验名称、内容；

2. 目的与原理；

3. 试样编号、测试数据与计算结果；

4. 结果评定与分析；

5. 试验条件与分析；

6. 试验班组号、试验者等。

试验报告是经过数据整理、计算、编制的结果，而不是原始记录，也不是计算过程的罗列。经整理计算后的数据可用图、表表示，达到一目了然的效果。为了编制出符合要求的试验报告，在整个试验过程中必须做好有关现象与原始数据的记录，以便于分析、评定测试结果。

## 1.7 复习思考题

1. 常用的试验数据处理方法有哪些?
2. 如何抽取有效样本? 简述相关方法。

# 第二章　砂石材料试验

**试验内容和学习要求**

本章选编了①岩石单轴抗压强度试验;②粗集料的磨耗试验;③粗集料压碎值试验;④粗集料的堆积密度、表观密度、空隙率试验;⑤细集料筛分试验。

要求学生通过试验学习的知识点:①了解石料抗压、粗集料磨耗、粗集料压碎值的试验方法并确定其技术等级;②掌握集料的表观密度、堆积密度、空隙率的测定方法,并按筛分结果绘出集料的级配曲线。

## 2.1　岩石单轴抗压强度试验

**1. 实验依据**

《公路工程岩石试验规程》(JTG E41—2005)第 4 章力学性质试验 T 0221—2005 单轴抗压强度试验。

**2. 目的和适用范围**

单轴抗压强度试验是测定规则形状岩石试件单轴抗压强度的方法,主要用于岩石的强度分级和岩性描述。

本法采用饱和状态下的岩石立方体(或圆柱体)试件的抗压强度来评定岩石强度(包括碎石或卵石的原始岩石强度)。

在某些情况下,试件含水状态还可根据需要选择天然状态、烘干状态或冻融循环后状态。试件的含水状态要在试验报告中注明。

**3. 仪器设备**

(1) 压力试验机或万能试验机,见图 2-1。

(2) 钻石机、切石机、磨石机等岩石试件加工设备。

(3) 烘箱、干燥器、游标卡尺、角尺及水池等。

**4. 试件制备**

（1）建筑地基的岩石试验，采用圆柱体作为标准试件，直径 50 mm±2 mm、高径比为 2∶1，每组试件共 6 个。

（2）桥梁工程用的石料试验，采用立方体试件，边长为 70 mm±2 mm，每组试件共 6 个。

（3）路面工程用的石料试验，采用圆柱体或立方体试件，其直径或边长和高均为 50 mm±2 mm，每组试件共 6 个，试件如图 2-2、图 2-3 所示。

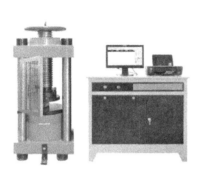

图 2-1 压力试验机

图 2-2 立方体抗压强度试件

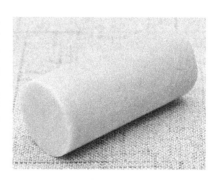

有显著层理的岩石，分别沿平行和垂直层理方向各取试件 6 个。试件上下端面应平行和磨平，试件端面的平面度公差应小于 0.05 mm，端面对于试件轴线垂直度偏差不应超过 0.25°。对于非标准圆柱体试件，试验后抗压强度试验值应按公式（2-1）进行换算。

$$R_e = \frac{8R}{7+2D/H} \qquad (2-1)$$

图 2-3 圆柱体抗压强度试件

式中：$R$ ——岩石的抗压强度（MPa）；

　　　$D$ ——试件直径（mm）；

　　　$H$ ——试件高度（mm）。

**5. 试验步骤**

（1）用游标卡尺量取试件尺寸（精确至 0.1 mm）。对于立方体试件，在顶面和底面上各量取其边长，以各个面上相互平行的两个边长的算术平均值计算其承压面积;对于圆柱体试件,在其顶面和底面分别测量两个相互正交的直径,并以其各自的算术平均值分别计算底面和顶面的面积,取其顶面和底面面积的算术平均值作为计算抗压强度所用的截面积。

(2)试件的含水状态可根据需要选择烘干状态、天然状态、饱和状态、冻融循环后状态。试件烘干和饱和状态、试件冻融循环后状态应符合规范相关条款的规定。

(3)按岩石强度性质选择合适的压力机。将试件置于压力机的承压板中央。对正上、下承压板,不得偏心。

(4)以 0.5～1.0 MPa/s 的速率进行加荷,直至破坏,记录破坏荷载及加载过程中出现的现象。抗压试件试验的最大荷载记录以 N 为单位,精度 1%。

**6. 结果整理**

(1)岩石的抗压强度和软化系数分别按式(2-2)和式(2-3)计算。

$$R = \frac{P}{A} \qquad\qquad (2\text{-}2)$$

式中:$R$ ——岩石的抗压强度(MPa);

$P$ ——试件破坏时的荷载(N);

$A$ ——试件的截面积($mm^2$)。

$$K_P = \frac{R_w}{R_d} \qquad\qquad (2\text{-}3)$$

式中:$K_P$ ——软化系数;

$R_w$ ——岩石饱和状态下的抗压强度(MPa);

$R_d$ ——岩石烘干状态下的抗压强度(MPa)。

(2)单轴抗压强度试验结果应同时列出每个试件的试验值及同组岩石单轴抗压强度的平均值;有显著层理的岩石,分别报告垂直与平行层理方向的试件强度的平均值。计算值精确到 0.1 MPa。

软化系数计算值精确至 0.01,3 个试件平行测定,取算术平均值;3 个值中最大与最小之差不应超过平均值的 20%,否则应另取第 4 个试件,并在 4 个试件取最接近的 3 个值的平均值作为试验结果,同时在报告中将 4 个值全部列出。

(3)试验记录

单轴抗压强度试验记录应包括原始名称、试验编号、试件编号、试件描述、试件尺寸、破坏荷载、破坏形态等,参见表 2-1。

### 7. 试验报告

表 2-1　石料抗压强度试验记录表

| 试样编号 | | | | | 石料产地 | | | | |
|---|---|---|---|---|---|---|---|---|---|
| 岩石名称 | | | | | 用　途 | | | | |
| 试样描述 | | | | | 试验日期 | | | | |
| 编号 | 试件处理情况 | 试样尺寸(mm) | | | | 截面积(mm²) | 极限荷载(N) | 抗压强度(MPa) | 平均值(MPa) | 备注 |
| | | 长 | 宽 | 直径 | 高 | | | | | |
| | | | | | | | | | | |
| | | | | | | | | | | |
| | | | | | | | | | | |
| | | | | | | | | | | |
| | | | | | | | | | | |
| 结论 | | | | | | | | | | |

试验者：　　　　　审核者：　　　　　　　技术负责人：

## 2.2　粗集料的磨耗试验(洛杉矶法)

### 1. 试验依据

《公路工程集料试验规程》(JTG E42—2005)第 3 章粗集料试验 T 0317—2005 粗集料磨耗试验(洛杉矶法)。

### 2. 目的与适用范围

(1) 测定标准条件下粗集料抵抗摩擦、撞击的能力,以磨耗损失(%)表示。

(2) 本方法适用于各种等级规格集料的磨耗试验。

### 3. 仪器设备

(1) 洛杉矶磨耗试验机:圆筒内径 710 mm±5 mm,内侧长 510 mm±5 mm,两端封闭,投料口的钢盖通过紧固螺栓和橡胶垫与钢筒紧闭密封。钢筒的回转速率为 30～33 r/min。如图 2-4、图 2-5 所示。

(2) 钢球:直径约 46.8 mm,质量为 390～445 g,大小稍有不同,以便按要求组合成符合要求的总质量。

(3) 台秤:感量 5 g。

（4）标准筛：符合要求的标准筛系列，如图 2-6 所示，筛孔为 1.7 mm 的方孔筛。

（5）烘箱：能使温度控制在 105 ℃±5 ℃范围内。

（6）容器：搪瓷盘等。

**4. 试验步骤**

（1）将不同规格的集料用水冲洗干净，置于烘箱中烘干至恒重。

（2）对所使用的集料，根据实际情况按表 2-2 选择最接近的粒级类别，确定相应的试验条件，按规定的粒级组成备料、筛分。其中水泥混凝土用集料宜采用 A 级粒度；沥青路面及各种基层、底基层的粗集料，表中的 16 mm 筛孔也可用 13.2 mm 筛孔代替。对非规格材料，应根据材料的实际粒度，从表 2-2 中选择最接近的粒级类别及试验条件。

表 2-2 粗集料洛杉矶试验条件

| 粒度类别 | 粒级组成（mm） | 试样质量（g） | 试样总质量（g） | 钢球数量（个） | 钢球总质量（g） | 转动次数（转） | 适用的粗集料 | |
|---|---|---|---|---|---|---|---|---|
| | | | | | | | 规格 | 公称粒径(mm) |
| A | 26.5～37.5<br>19.0～26.5<br>16.0～19.0<br>9.5～16.0 | 1 250±25<br>1 250±25<br>1 250±10<br>1 250±10 | 5 000±10 | 12 | 5 000±25 | 500 | — | — |
| B | 19.0～26.5<br>16.0～19.0 | 2 500±10<br>2 500±10 | 5 000±10 | 11 | 4 850±25 | 500 | S6<br>S7<br>S8 | 15～30<br>10～30<br>10～25 |
| C | 9.5～16.0<br>4.75～9.5 | 2 500±10<br>2 500±10 | 5 000±10 | 8 | 3 330±20 | 500 | S9<br>S10<br>S11<br>S12 | 10～20<br>10～15<br>5～15<br>5～10 |
| D | 2.36～4.75 | 5 000±10 | 5 000±10 | 6 | 2 500±15 | 500 | S13<br>S14 | 3～10<br>3～5 |
| E | 63～75<br>53～63<br>37.5～53 | 2 500±50<br>2 500±50<br>5 000±50 | 10 000±100 | 12 | 5 000±25 | 1 000 | S1<br>S2 | 40～75<br>40～60 |
| F | 37.5～53<br>26.5～37.5 | 5 000±50<br>5 000±25 | 10 000±75 | 12 | 5 000±25 | 1 000 | S3<br>S4 | 30～60<br>25～50 |
| G | 26.5～37.5<br>19.0～26.5 | 5 000±25<br>5 000±25 | 10 000±50 | 12 | 5 000±25 | 1 000 | S5 | 20～40 |

注：① 表中 16 mm 也可用 13.2 mm 代替。
　　② A 级适用于未筛碎石混合料及水泥混凝土用集料。
　　③ C 级中 S12 可全部采用 4.75～9.5 mm 颗粒 5 000 g；S9 及 S10 可全部采用 9.5～16.0 mm 颗粒 5 000 g。
　　④ E 级中 S2 中缺 63～75 mm 颗粒可用 53～63 mm 颗粒代替。

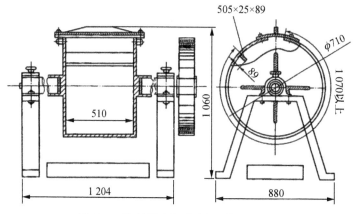

图 2-4 洛杉矶磨耗试验机(单位：mm)

图 2-5 洛杉矶磨耗试验机

图 2-6 标准筛

（3）分级称量(准确至 5 g)，称取总质量（$m_1$），装入磨耗机圆筒中。

（4）选择钢球，使钢球的数量及总质量符合表 2-2 中的规定。将钢球加入筒中，盖好筒盖，紧固密封。

（5）将计数器调整到零位，设定要求的回转次数。对水泥混凝土集料，回转次数为 500 转；对沥青混合料集料，回转次数应符合表 2-2 的要求。开动磨耗机，以 30～33 r/min 转速转动至要求的回转次数为止。

（6）取出钢球，将经过磨耗后的试样从投料口倒入接受容器(搪瓷盘)中。

（7）将试验用 1.7 mm 的方孔筛过筛，筛去试样中被撞击磨碎的细屑。

（8）用水冲净留在筛上的碎石，置 105 ℃ ±5 ℃烘箱中烘干至恒重(通常不少于 4 h)，准确称量（$m_2$）。

**5. 计算**

按式(2-4)计算粗集料洛杉矶磨耗损失,精确至0.1%。

$$Q = \frac{m_1 - m_2}{m_1} \times 100 \qquad (2\text{-}4)$$

式中:$Q$——洛杉矶磨耗损失(%);

$m_1$——装入圆筒中试样质量(g);

$m_2$——试验后在1.7 mm筛上洗净烘干的试样质量(g)。

**6. 试验报告**

(1)试验报告应记录所使用的粒级类别和试验条件。

(2)粗集料的磨耗损失取两次平行试验结果的算术平均值为测定值,两次试验的差值应不大于2%,否则须重做试验。

表 2-3　粗集料洛杉矶磨耗试验记录表

| 委托单位 | | 试验单位 | |
|---|---|---|---|
| 委托单编号 | | 试验规程 | |
| 试样描述 | | 温度、湿度 | |
| 工程部位 | | 试验日期 | |

洛杉矶试验法

| 试样编号 | 试验前试样质量 $m_1$(g) | 磨耗后留在孔径1.7 mm筛上的质量 $m_2$(g) | 磨耗率(%) $Q = \frac{m_1 - m_2}{m_1} \times 100$ | | 备注 |
|---|---|---|---|---|---|
| | | | 单值 | 平均 | |
| | | | | | |
| | | | | | |
| 结论 | | | | | |

试验者:　　　　　审核者:　　　　　技术负责人:

# 2.3　粗集料压碎值试验

**1. 试验依据**

《公路工程集料试验规程》(JTG E42—2005)第3章粗集料试验 T 0316—

2005 粗集料压碎值试验。

**2. 目的与适用范围**

集料压碎值用于衡量石料在逐渐增加的荷载下抵抗压碎的能力,是衡量石料力学性质的指标,以评定其在公路工程中的适用性。

**3. 仪器设备**

(1) 石料压碎值试验仪:由内径 150 mm、两端开口的钢制圆形试筒、压柱和底板组成,其尺寸见表 2-4,如图 2-7 所示。试筒内壁、压柱的底面及压板的上表面等与石料接触的表面都应进行热处理,使表面硬化,达到维氏硬度 65 并保持光滑状态。

**表 2-4  试筒、压柱和底板尺寸**

| 部 位 | 符号 | 名称 | 尺寸(mm) |
|---|---|---|---|
| 试筒 | $A$ | 内径 | $150\pm0.3$ |
|  | $B$ | 高度 | $125\sim128$ |
|  | $C$ | 壁厚 | $\geqslant12$ |
| 压柱 | $D$ | 压头直径 | $149\pm0.2$ |
|  | $E$ | 压杆直径 | $100\sim149$ |
|  | $F$ | 压柱总长 | $100\sim110$ |
|  | $G$ | 压头厚度 | $\geqslant25$ |
| 底板 | $H$ | 直径 | $200\sim220$ |
|  | $I$ | 厚度(中间部分) | $6.4\pm0.2$ |
|  | $J$ | 边缘厚度 | $10\pm0.2$ |

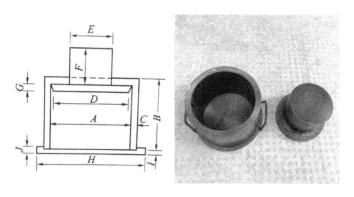

**图 2-7  压碎值测定仪(单位: mm)**

(2) 金属棒:直径 10 mm,长 450～460 mm,一端加工成半球形。

(3) 天平:称量 2～3 kg,感量不大于 1 g。

（4）标准筛：筛孔尺寸 13.2 mm、9.5 mm、2.36 mm 方孔筛各一个。

（5）压力机：500 kN，应能在 10 min 内到达 400 kN。

（6）金属筒：圆柱形，内径 112.0 mm，高 179.4 mm，容积 1 767 cm$^3$。

**4. 试验准备**

（1）将风干粗集料用 13.2 mm 和 9.5 mm 标准筛过筛，取 9.5～13.2 mm 的试样 3 组各 3 000 g 供试验用。如过于潮湿需加热烘干时，烘箱温度不得超过 100 ℃，烘干时间不超过 4 h。试验前，石料应冷却至室温。

（2）每次试验的石料数量应满足按下述方法夯击后石料在试筒内的深度为 100 mm。

在金属筒中确定石料数量的方法如下：

将试样分 3 次（每次数量大体相同）均匀装入试筒中，每次均将试样整平，用金属棒的半球面端从石料表面均匀捣实 25 次。最后用金属棒作为直刮刀将表面仔细整平。称取量筒中试样质量（$m_0$）。以相同质量的试样进行压碎值的平行试验。

**5. 试验步骤**

（1）将试筒安放在底板上。

（2）将要求质量的试样分 3 次（每次数量大体相同）均匀装入试筒中，每次均将试样表面整平，再用金属棒的半球面端从石料表面上均匀捣实 25 次。最后用金属棒作为直刮刀将表面仔细整平，见图 2-8。

（3）将装有试样的试筒放到压力机上，同时加压头放入试筒内石料表面上，注意使压头摆平，勿楔挤试筒侧壁。

（4）开动压力机，均匀地施加荷载，在 10 min 左右的时间内达到总荷载 400 kN，稳压 5 s，然后卸载。

**图 2-8　压碎值试验装料**

（5）将试筒从压力机上取下，取出试样。

（6）用 2.36 mm 标准筛筛分经压碎的全部试样，可分几次筛分，均需筛到 1 min 内无明显的筛出物为止。

（7）称取通过 2.36 mm 筛孔的全部细料质量（$m_1$），准确至 1 g。

### 6. 计算

石料压碎值按式(2-5)计算,精确至 0.1%。

$$Q'_a = \frac{m_1}{m_0} \times 100 \qquad (2\text{-}5)$$

式中:$Q'_a$——石料的压碎值(%);

    $m_0$——试验前试样质量(g);

    $m_1$——试验后通过 2.36 mm 筛孔的细料质量(g)。

### 7. 试验报告

以 3 个试样平行试验结果的算术平均值作为压碎值的测定值。

表 2-5　集料压碎值试验记录表

| 委托单位 | | | 试验单位 | | |
|---|---|---|---|---|---|
| 委托单编号 | | | 试验规程 | | |
| 试样描述 | | | 温度、湿度 | | |
| 工程部位 | | | 试验日期 | | |
| 试样来源 | 次数 | 试样质量 (g) | 压碎后筛余质量 (g) | 压碎值 (%) | 平均值 (%) |
| | | | | | |
| | | | | | |
| | | | | | |
| 结论 | | | | | |

试验者:　　　　　　　审核者:　　　　　　　技术负责人:

## 2.4　粗集料的堆积密度、表观密度、空隙率试验

### 2.4.1　粗集料密度及吸水率试验(网篮法)

#### 1. 试验依据

《公路工程集料试验规程》(JTG E42—2005)第 3 章粗集料试验 T 0304—2005 粗集料密度及吸水率试验(网篮法)。

**2. 目的与适用范围**

本方法适用于测定各种粗集料的表观相对密度、表干相对密度、毛体积相对密度、表观密度、表干密度、毛体积密度,以及粗集料的吸水率。

**3. 仪器设备**

(1)天平或浸水天平:可悬挂吊篮测定集料的水中质量,称量应满足试样数量称量要求,感量不大于最大称量的0.05%,如图2-9所示。

(2)吊篮:由耐锈蚀材料制成,直径和高度为150 mm左右,四周及底部用1~2 mm的筛网编制或具有密集的孔眼,见图2-9。

(3)溢流水槽:在称量水中质量时能保持水面高度一定。

(4)烘箱:能控温在105 ℃±5 ℃。

**图2-9 浸水电子天平**

(5)毛巾:纯棉制,洁净,也可用纯棉的汗衫布代替。

(6)温度计。

(7)标准筛。

(8)盛水容器(如搪瓷盘等)。

(9)其他:刷子等。

**4. 试验准备**

(1)将试样用标准筛过筛除去其中的细集料,对较粗集料可用4.75 mm筛过筛,对2.36~4.75 mm集料,或者混在4.75 mm以下石屑中的粗集料,则用2.36 mm标准筛过筛,用四分法或分料器缩分至要求的质量,分两份备用。对沥青路面用粗集料,应对不同规格的集料分别测定,不得混杂,所取得的每一份集料试样应基本保持原有的级配。在测定2.36~4.75 mm的粗集料时,试验过程中应特别小心,不得丢失集料。

(2)经缩分后供测定密度和吸水率的粗集料质量应符合表2-6的规定。

**表2-6 测定密度所需要的试样最小质量**

| 公称最大粒径(mm) | 4.75 | 9.50 | 16.0 | 19.0 | 26.5 | 31.5 | 37.5 | 63.0 | 75.0 |
|---|---|---|---|---|---|---|---|---|---|
| 每一份试样的最小质量(kg) | 0.8 | 1 | 1 | 1 | 1.5 | 1.5 | 2 | 3 | 3 |

(3)将每一份集料试样浸泡在水中,并适当搅动,仔细洗去附在集料表面的尘

土和石粉,经多次漂洗干净至水完全清澈为止。清洗过程中不得散失集料颗粒。

**5. 试验步骤**

(1) 取试样一份装入干净的搪瓷盘中,注入洁净的水,水面至少应高出试样 20 mm,轻轻搅动石料,使附着在石料上的气泡完全逸出。在室温下保持浸水 24 h。

(2) 将吊篮挂在天平的吊钩上,浸入溢流水槽中,向溢流水槽中注水,水面高度至水槽的溢流孔,将天平调零。吊篮的筛网应保证集料不会通过筛孔流失,对 2.36~4.75 mm 粗集料应更换小孔筛网,或在网篮中加入一个浅盘。

(3) 调节水温在 15~25 ℃范围内。将试样移入吊篮。溢流水槽中的水面高度由水槽的溢流孔控制,维持不变。称取集料的水中质量($m_w$),如图 2-10 所示。

(4) 提起吊篮,稍稍滴水后,较粗集料可以直接倒在拧干的湿毛巾上。将较细的粗集料 (2.36~4.75 mm)连同浅盘一起取出,稍稍倾斜搪瓷盘,仔细倒出余水,将粗集料倒在拧干的湿毛巾上,用毛巾吸走从集料中漏出的自由水。此步骤需特别注意不得有颗粒丢失,或有小颗粒附在吊篮上。再用拧干的湿毛巾轻轻擦干集料颗粒的表

**图 2-10 称集料的水中质量**

面水,如图 2-11 所示,至表面看不到发亮的水迹,即为饱和面干状态。当粗集料尺寸较大时,宜逐颗擦干。注意对较粗的粗集料,拧湿毛巾时不要太用劲,防止拧得太干。对较细的含水较多的粗集料,毛巾可拧得稍干些。擦颗粒的表面水时,既要将表面水擦掉,又不能将颗粒内部的水吸出。整个过程不得有集料丢失,且已擦干的集料不得继续在空气中放置,以防止集料干燥。

需要注意的是,对 2.36~4.75 mm 集料,用毛巾擦拭时容易黏附细颗粒集料从而造成集料损失,此时宜改用洁净的纯棉汗衫布擦拭至表干状态。

(5) 立即在保持表干状态下称取集料的表干质量($m_f$)。

(6) 将集料置于浅盘中,放入 105 ℃±5 ℃的烘箱中烘干至恒重。取出浅盘,放在带盖的容器中冷却至室温,称取集料的烘干质量($m_a$)。

需要注意的是,恒重是指相邻两次称量间隔时间大于 3 h 的情况下,其前后两次称量之差小于该项试验要求的精密度,即 0.1%,一般在烘箱中烘干的时间不得少于 4~6 h。

（7）对于同一规格的集料应平行试验两次，取平均值作为试验结果。

图 2-11 擦拭集料表面自由水

## 6. 计算

（1）表观相对密度 $\gamma_a$、表干相对密度 $\gamma_s$、毛体积相对密度 $\gamma_b$ 按式（2-6）、（2-7）、（2-8）计算至小数点后 3 位。

$$\gamma_a = \frac{m_a}{m_a - m_w} \tag{2-6}$$

$$\gamma_s = \frac{m_f}{m_f - m_w} \tag{2-7}$$

$$\gamma_b = \frac{m_a}{m_f - m_w} \tag{2-8}$$

式中：$\gamma_a$——集料的表观相对密度，无量纲；

　　　$\gamma_s$——集料的表干相对密度，无量纲；

　　　$\gamma_b$——集料的毛体积相对密度，无量纲；

　　　$m_a$——集料的烘干质量（g）；

　　　$m_f$——集料的表干质量（g）；

　　　$m_w$——集料的水中质量（g）。

（2）集料的吸水率以烘干试样为基准，按式（2-9）计算，精确至 0.01%。

$$w_x = \frac{m_f - m_a}{m_a} \times 100 \tag{2-9}$$

式中：$w_x$——粗集料的吸水率（%）。

（3）粗集料的表观密度（视密度）$\rho_a$、表干密度 $\rho_s$、毛体积密度 $\rho_b$ 按式（2-10）（2-11）（2-12）计算，准确至小数点后 3 位。不同水温条件下测量的粗集料表观密度需进行水温修正，不同试验温度下水的密度 $\rho_T$ 及水的温度修正系数 $\alpha_T$ 按表 2-7 选用。

$$\rho_a = \gamma_a \times \rho_T \quad \text{或} \quad \rho_a = (\gamma_a - \alpha_T) \times \rho_w \qquad (2\text{-}10)$$

$$\rho_s = \gamma_s \times \rho_T \quad \text{或} \quad \rho_s = (\gamma_s - \alpha_T) \times \rho_w \qquad (2\text{-}11)$$

$$\rho_b = \gamma_b \times \rho_T \quad \text{或} \quad \rho_b = (\gamma_b - \alpha_T) \times \rho_w \qquad (2\text{-}12)$$

式中：$\rho_a$——粗集料的表观密度（$g/cm^3$）；

      $\rho_s$——粗集料的表干密度（$g/cm^3$）；

      $\rho_b$——粗集料的毛体积密度（$g/cm^3$）；

      $\rho_T$——试验温度 $T$ 时水的密度（$g/cm^3$），按表 2-7 取用；

      $\alpha_T$——试验温度 $T$ 时的水温修正系数；

      $\rho_w$——水在 4 ℃时的密度（1.000 $g/cm^3$）。

表 2-7 不同水温时水的密度 $\rho_T$ 及水温修正系数 $\alpha_T$

| 水温（℃） | 15 | 16 | 17 | 18 | 19 | 20 |
|---|---|---|---|---|---|---|
| 水的密度 $\rho_T$（$g/cm^3$） | 0.999 13 | 0.998 97 | 0.998 80 | 0.998 62 | 0.998 43 | 0.998 22 |
| 修正系数 $\alpha_T$ | 0.002 | 0.003 | 0.003 | 0.004 | 0.004 | 0.005 |
| 水温（℃） | 21 | 22 | 23 | 24 | 25 | |
| 水的密度 $\rho_T$（$g/cm^3$） | 0.998 02 | 0.997 79 | 0.997 56 | 0.997 33 | 0.997 02 | |
| 修正系数 $\alpha_T$ | 0.005 | 0.006 | 0.006 | 0.007 | 0.007 | |

**7. 精密度或允许误差**

重复试验的精密度，对表观相对密度、表干相对密度、毛体积相对密度，两次结果相差不得超过 0.02，对吸水率不得超过 0.2%。

### 2.4.2 粗集料的堆积密度及空隙率试验

**1. 试验依据**

《公路工程集料试验规程》（JTG E42—2005）第 3 章粗集料试验 T 0301—2005 粗集料取样法、T 0309—2005 粗集料堆积密度及空隙率试验。

**2. 目的与适用范围**

测定粗集料的堆积密度,包括自然状态、振实状态、捣实状态下的堆积密度,以及堆积状态下的间隙率。

**3. 仪器设备**

(1)天平或台秤:感量不大于称量的0.1%。

(2)容量筒:适用于粗集料堆积密度测定的容量筒应符合表2-8的要求。

表2-8　容量筒要求

| 粗集料公称最大粒径(mm) | 容量筒容积(L) | 容量筒规格(mm) | | | 筒壁厚度(mm) |
|---|---|---|---|---|---|
| | | 内径 | 净高 | 底厚 | |
| ≤4.75 | 3 | 155±2 | 160±2 | 5.0 | 2.5 |
| 9.5～26.5 | 10 | 205±2 | 305±2 | 5.0 | 2.5 |
| 31.5～37.5 | 15 | 255±5 | 295±5 | 5.0 | 3.0 |
| ≥53 | 20 | 355±5 | 305±5 | 5.0 | 3.0 |

(3)平头铁锹。

(4)烘箱:能控温105℃±5℃。

(5)振动台:频率3 000次/min±200次/min,负荷下的振幅为0.35 mm,空载时的振幅为0.5 mm。

(6)捣棒:直径16 mm、长600 mm、一端为圆头的钢棒。

**4. 试验准备**

按《公路工程集料试验规程》(JTG E42—2005)T 0301—2005规定的方法取样、缩分,质量应满足试验要求,在105℃±5℃的烘箱中烘干,也可以摊在洁净的地面上风干,拌匀后分成两份备用。

**5. 试验步骤**

(1)自然堆积密度

取样1份,置于平整干净的水泥地(或铁板)上,用平头铁锹铲起试样,使碎石自由落入容量筒内。此时,从铁锹的齐口至容量筒上口的距离应保持在50 mm左右,装满容量筒并去除凸出筒口表面的颗粒,并以合适的颗粒填入凹陷空隙,使表面稍凸起部分和凹陷部分的体积大致相等,称取试样和容量筒总质量($m_2$)。

（2）振实密度

按堆积密度试验步骤，将装满试样的容量筒放在振动台上，振动 3 min，或将试样分三层装入容量筒：装完一层后，在筒底放一根直径为 25 mm 的圆钢筋，将筒按住，左右交替颠击地面各 25 下；然后装入第二层，用特有的方法颠实（但筒底所垫钢筋的方向应与第一层放置方向垂直）；然后装第三层，颠实。待第三层装填完毕后，加料填到试样超出容量筒口，用钢筋沿筒口边缘滚转，刮下高出筒口的颗粒，用合适的颗粒填平凹处，使表面稍凸起部分与凹陷部分的体积大致相等，称取试样和容量筒总质量（$m_2$）。

（3）捣实密度

根据沥青混合料的类型和公称最大粒径，确定起骨架作用的关键性筛孔（通常为 4.75 mm 或 2.36 mm 等）。将矿料混合料中此筛孔以上颗粒筛出，作为试样装入符合要求规格的容器中达 1/3 的高度，由边至中间用捣棒均匀捣实 25 次。再向容器中装入 1/3 高度的试样，用捣棒均匀捣实 25 次，捣实深度约至下层表面。然后重复上一步骤，加最后一层，捣实 25 次，使集料与容器口齐平。用合适的集料填充表面的大空隙，用直尺大体刮平，目测估计表面凸起部分与凹陷部分的容积大致相等，称取容量筒与试样的总质量（$m_2$）。如图 2-12 所示。

图 2-12　堆积密度测试

（4）容量筒容积的标定

用水装满容量筒，擦干筒外壁的水分，称取容量筒与水的总质量（$m_w$），并按水的密度对容量筒的容积做校正。

**6. 计算**

（1）容量筒容积按式（2-13）计算。

$$V = \frac{m_w - m_1}{\rho_T} \qquad (2\text{-}13)$$

式中：$V$——容量筒的容积（L）；

　　　$m_1$——容量筒的质量（kg）；

$m_w$——容量筒与水的总质量(kg);

$\rho_T$——试验温度 $T$ 时水的密度(g/cm$^3$),按表 2-7 选用。

（2）堆积密度(包括自然堆积状态、振实状态、捣实状态下的堆积密度)按式(2-14)计算至小数点后 2 位。

$$\rho = \frac{m_2 - m_1}{V} \qquad (2-14)$$

式中：$\rho$——与各种状态相对应的堆积密度(t/m$^3$);

$m_1$——容量筒的质量(kg);

$m_2$——容量筒与试样的总质量(kg);

$V$——容量筒的容积(L)。

（3）水泥混凝土用粗集料振实状态下的空隙率按式(2-15)计算。

$$V_c = \left(1 - \frac{\rho}{\rho_a}\right) \times 100 \qquad (2-15)$$

式中：$V_c$——水泥混凝土用粗集料的空隙率(%);

$\rho_a$——粗集料的表观密度(t/m$^3$);

$\rho$——按振实法测定的粗集料的堆积密度(t/m$^3$)。

（4）沥青混合料用粗集料骨架捣实状态下的空隙率按式(2-16)计算。

$$VCA_{DRC} = \left(1 - \frac{\rho}{\rho_b}\right) \times 100 \qquad (2-16)$$

式中：$VCA_{DRC}$——捣实状态下粗集料骨架空隙率(%);

$\rho_b$——粗集料的毛体积密度(t/m$^3$);

$\rho$——按捣实法测定的粗集料的自然堆积密度(t/m$^3$)。

**7. 试验报告**

以两次平行试验结果的平均值作为测定值。

表 2-9　粗集料表观密度及堆积密度试验记录表

| 委托单位 | | 试验单位 | |
|---|---|---|---|
| 委托单编号 | | 试验规程 | |
| 试样描述 | | 温度、湿度 | |
| 工程部位 | | 试验日期 | |

(续表 2-9)

<table>
<tr><td rowspan="4">表观密度</td><td>试验次数</td><td>粗集料干燥质量<br>$m_a$(g)</td><td>粗集料在水中的质量<br>$m_w$(g)</td><td>表干质量<br>$m_f$(g)</td><td>吸水率<br>(%)</td><td>修正系数<br>($\alpha_T$)</td><td colspan="2">表观密度<br>$\rho_a$(g/cm³)</td></tr>
<tr><td></td><td></td><td></td><td></td><td></td><td></td><td>单值</td><td>平均值</td></tr>
<tr><td>1</td><td></td><td></td><td></td><td></td><td></td><td></td><td></td></tr>
<tr><td>2</td><td></td><td></td><td></td><td></td><td></td><td></td><td></td></tr>
<tr><td>3</td><td></td><td></td><td></td><td></td><td></td><td></td><td></td></tr>
<tr><td rowspan="4">堆积密度</td><td>试验次数</td><td>容量筒容积<br>$V$(L)</td><td>容量筒质量<br>$m_1$(kg)</td><td>试样与容量筒质量<br>$m_2$(kg)</td><td colspan="2">堆积密度<br>$\rho$(t/m³)</td><td colspan="2">空隙率<br>(%)</td></tr>
<tr><td></td><td></td><td></td><td></td><td>单值</td><td>平均值</td><td>单值</td><td>平均值</td></tr>
<tr><td>1</td><td></td><td></td><td></td><td></td><td></td><td></td><td></td></tr>
<tr><td>2</td><td></td><td></td><td></td><td></td><td></td><td></td><td></td></tr>
<tr><td>3</td><td></td><td></td><td></td><td></td><td></td><td></td><td></td></tr>
</table>

结论：

试验者：　　　　　　　审核者：　　　　　　　技术负责人：

# 2.5 细集料筛分试验

## 1. 试验依据

《公路工程集料试验规程》(JTG E42—2005)第 4 章细集料试验 T 0327—2005 细集料筛分试验。

## 2. 目的与适用范围

测定细集料(天然砂、人工砂、石屑)的颗粒级配及粗细程度。对水泥混凝土用细集料可采用干筛法，如果需要也可采用水洗法筛分；对沥青混合料及基层用细集料必须用水洗法筛分。

当细集料中含有粗集料时，可参照此方法用水洗法筛分，但需要特别注意保护标准筛筛面不遭破坏。

## 3. 仪器设备

(1)标准筛，如图 2-13 所示。

(2)天平：称量 1 000 g，感量不大于 0.5 g。

(3)摇筛机，如图 2-14 所示。

(4) 烘箱:能控温在 105 ℃±5 ℃。

(5) 其他:浅盘和硬、软毛刷等。

图 2-13　标准筛

图 2-14　振动摇筛机

### 4. 试验准备

根据样品中最大粒径的大小选用适宜的标准筛,通常为 9.5 mm 筛(水泥混凝土用天然砂)或 4.75 mm 筛(沥青路面及基层用天然砂、石屑、机制砂等)筛除其中的超粒径材料。然后将样品在潮湿状态下充分拌匀,用分料器法或四分法缩分至每份不少于 550 g 的试样两份,在 105 ℃±5 ℃的烘箱中烘干至恒重,冷却至室温后备用。

需要注意的是,恒重指相邻两次称量间隔时间大于 3 h(通常不少于 6 h)的情况下前后两次称量之差小于该项试验所要求的称量精密。

### 5. 试验步骤

(1) 干筛法试验步骤

① 准确称取烘干试样约 500 g($m_1$),准确至 0.5 g,置于套筛的最上面一只,即 4.75 mm 筛上,将套筛装入摇筛机,摇筛约 10 min,然后取出套筛,再按筛孔大小顺序,从最大的筛号开始在清洁的浅盘上逐个进行手筛,直到每分钟的筛出量不超过筛上剩余量的 0.1% 时为止,将筛出通过的颗粒并入下一号筛,和下一号筛的试样一起过筛,以此顺序进行至各号筛全部筛完为止。如图 2-15 所示。

需要注意的是:①试样如为特细砂时,试样质量可减少到 100 g;②如试样含泥量超过 5% 时,不宜采用干筛法;③无摇筛机时,可直接用手筛。

② 称量各筛筛余试样质量,精确至 0.5 g。所有各筛的分计筛余量和底盘中

剩余量的总量与筛分前的试验总量,相差不得超过后者的1%。

(2)水洗法试验步骤

① 准确称取烘干试样约500 g($m_1$),准确至0.5 g。

② 将试样置于一洁净容器中,加入足够数量的洁净水,将集料全部淹没。

③ 用搅棒充分搅动集料,将集料表面洗涤干净,使细粉悬浮在水中,但不得有集料从水中溅出。

图 2-15  细集料干筛          图 2-16  细集料水筛

④ 用1.18 mm筛及0.075 mm筛组成套筛。仔细将容器中混有细粉的悬浮液徐徐倒出,经过套筛流入另一容器,但不得将集料倒出。

需要注意的是,不可直接倒至0.075 mm筛上,以免集料掉出损坏筛面。

⑤ 重复②～④步骤,直至倒出的水洁净且小于0.075 mm的颗粒全部倒出。

⑥ 将容器中的集料倒入搪瓷盘中,用少量的水冲洗,使容器上黏附的集料颗粒全部进入搪瓷盘中。将筛子反扣过来,用少量的水将筛上的集料冲入搪瓷盘中。操作过程中不得有集料散失。

⑦ 将搪瓷盘连同集料一起置105 ℃±5 ℃烘箱中烘干至恒重,称取干燥集料的总质量($m_2$),准确至0.1%。$m_1$与$m_2$之差即为通过0.075 mm筛部分。

⑧ 将全部要求的筛孔组成套筛(但不需要0.075 mm筛),将已经洗去小于0.075 mm部分的干燥集料置于套筛上(通常为4.75 mm筛),将套筛装入摇筛机,摇筛约10 min,然后取出套筛,再按筛孔大小顺序,从最大号筛开始,在洁净的浅盘逐个进行手筛,直至每分钟的筛出量不超过筛上剩余量的0.1%时为止,将筛出通过的颗粒并入下一号筛,和下一号筛的试样一起过筛,这样顺序进行,直至各号筛全部筛完为止。

需要注意的是,如为含有粗集料的集料混合料,套筛筛孔根据需要选择。

⑨ 称量各筛筛余试样的质量,精确至 0.5 g。所有各筛的分计筛余量和底盘中剩余量的总质量与筛分前后试样总质量 $m_2$ 的差值不得超过后者的 1%。

### 6. 计算

(1)计算分计筛余百分率

各号筛的分计筛余百分率为各号筛上的筛余量除以试样总质量（$m_1$）的百分率,精确至 0.1%。对沥青路面细集料而言,0.15 mm 筛下部分即为 0.075 mm 的分计筛余,由第 5 节内容(2)水洗法试验步骤⑦测得的 $m_1$ 与 $m_2$ 之差即为小于 0.075 mm 的筛底部分。

(2)计算累计筛余百分率

各号筛的累计筛余百分率为该号筛及大于该号筛的各号筛的分计筛余百分率之和,准确至 0.1%。

(3)计算质量通过百分率

各号筛的质量通过百分率等于 100(%)减去各号筛的累计筛余百分率,准确至 0.1%。

(4)根据各筛的累计筛余百分率或通过百分率,绘制级配曲线。

(5)天然砂的细度模数按式(2-17)计算,精确至 0.01。

$$M_x = \frac{(A_{0.15} + A_{0.3} + A_{0.6} + A_{1.18} + A_{2.36}) - 5A_{4.75}}{100 - A_{4.75}} \qquad (2\text{-}17)$$

式中：$M_x$——砂的细度模数;

$A_{0.15}$,$A_{0.3}$,…,$A_{4.75}$ 分别为 0.15 mm,0.3 mm,…,4.75 mm 各筛上的累计筛余百分率(%)。

(6)应进行两次平行试验,以试验结果的算术平均值作为测定值。如两次试验所得的细度模数之差大于 0.2,应重新进行试验。

### 7. 试验报告

表 2-10　砂筛分试验记录表

| 委 托 单 位 | | 试 验 单 位 | |
|---|---|---|---|
| 委托单编号 | | 试 验 规 程 | |
| 工 程 部 位 | | 温度、湿度 | |
| 试 样 描 述 | | 试 验 日 期 | |

(续表 2-10)

| 试样重量 (g) (1) | 筛孔尺寸 (mm) (2) | 分计筛余质量(g) | | | 分计筛余 $a_i$ (%) (6)=(5)/(1) | 累计筛余 $A_i$ (%) (7) | 通过率 $B_i$ (%) (8)=100-(7) | 结论 |
|---|---|---|---|---|---|---|---|---|
| | | 1 (3) | 2 (4) | 平均 (5) | | | | |
| | 9.5 | | | | | | | |
| | 4.75 | | | | | | | |
| | 2.36 | | | | | | | |
| | 1.18 | | | | | | | |
| | 0.6 | | | | | | | |
| | 0.3 | | | | | | | |
| | 0.15 | | | | | | | |
| | 筛底 | | | | | | | |

$$M_x = \frac{(A_{0.15} + A_{0.3} + A_{0.6} + A_{1.18} + A_{2.36}) - 5A_{4.75}}{100 - A_{4.75}}$$

该砂系　　　　　砂

试验者：　　　　　　审核者：　　　　　　　　技术负责人：

# 2.6　复习思考题

1. 路面工程单轴抗压强度试件的尺寸要求和数量是什么？

2. 岩石如有显著层理的,试验报告如何处理？强度计算值精确至多少？

3. 洛杉矶法 C 级所对应的集料规格、数量是什么？所使用的钢球数量和质量是什么？

4. 水泥混凝土和沥青混合料粗细集料区分筛孔分别是什么？

5. 集料最大粒径和集料的公称最大粒径的定义是什么？

6. 表观密度、表干密度、毛体积密度按大小顺序排列是什么？

7. 某集料实测表观相对密度为 2.731,水温为 18 ℃(修正系数为 0.998 62),请计算表观密度是多少？

8. 测定粗集料的表观密度时,集料为什么要事先浸水 24 小时？

9. 中砂细度模数的范围是什么？

10. 细集料一般有哪几种？

11. 干筛法与水筛法各自应用的范围是什么？

# 第三章　石灰和水泥试验

**试验内容和学习要求**

本章选编了①石灰 CaO＋MgO 含量试验；②水泥标准稠度用水量、凝结时间、安定性试验；③水泥胶砂强度试验。

要求学生通过试验学习的知识点：①掌握石灰 CaO＋MgO 含量的测定方法，并根据试验结果确定石灰等级；②了解水泥细度、凝结时间、安定性的测定方法；③掌握水泥胶砂强度测定方法，并根据试验结果确定水泥的标号。

## 3.1　石灰的有效氧化钙和氧化镁试验(简易测定法)

**1. 试验依据**

《公路工程无机结合料稳定材料试验规程》(JTG E51—2009)第 3 章原材料试验 T 0813—1994 石灰有效氧化钙和氧化镁简易测定方法。

**2. 适用范围**

本试验方法适用于氧化镁含量在 5％以下的低镁石灰，测定其氧化钙、氧化镁含量，评定石灰的等级。

需要注意的是，氧化镁被水分解的作用缓慢，如果氧化镁含量高，到达滴定终点的时间很长，从而增加了与空气中二氧化碳的作用时间，影响测定结果。

**3. 仪器设备**

(1) 方孔筛：0.15 mm，1 个。

(2) 烘箱：50～250 ℃，1 台。

(3) 干燥器：$\phi$ 25 cm，1 个。

(4) 称量瓶：$\phi$ 30 mm×50 mm，10 个。

(5) 瓷研钵：$\phi$ 12～13 cm，1 个。

(6) 分析天平：量程不小于 50 g，感量 0.000 1 g，1 台。

(7) 电子天平:量程不小于 500 g,感量 0.01 g,1 台。

(8) 电炉:1 500 W,1 个。

(9) 石棉网:20 cm×20 cm,1 个。

(10) 玻璃珠:$\phi$3 mm,1 袋(0.25 kg)。

(11) 具塞三角瓶:250 mL,20 个。

(12) 漏斗:短颈,3 个。

(13) 塑料洗瓶,1 个。

(14) 塑料桶:20 L,1 个。

(15) 下口蒸馏水瓶:5 000 mL,1 个。

(16) 三角瓶:300 mL,10 个。

(17) 容量瓶:250 mL、1 000 mL,各 1 个。

(18) 量筒:200 mL、100 mL、50 mL、5 mL,各 1 个。

(19) 试剂瓶:250 mL、1 000 mL,各 5 个。

(20) 塑料试剂瓶:1 L,1 个。

(21) 烧杯:50 mL,5 个;250 mL(或 300 mL),10 个。

(22) 棕色广口瓶:60 mL,4 个;250 mL,5 个。

(23) 滴瓶:60 mL,3 个。

(24) 滴定管:50 mL,2 支。

(25) 滴定台及滴定管夹,各 1 套。

(26) 大肚移液管:25 mL、50 mL,各 1 支。

(27) 表面皿:7 cm,10 块。

(28) 玻璃棒:8 mm×250 mm 及 4 mm×180 mm 各 10 支。

(29) 试剂勺:5 个。

(30) 吸水管:8 mm×150 mm,5 支。

(31) 洗耳球:大、小各 1 个。

## 4. 试剂

(1) 1 mol/L 盐酸标准溶液:取 83 mL(相对密度 1.19)浓盐酸以蒸馏水稀释至 1 000 mL,按下述方法标定其摩尔浓度后备用。

称取已在 180 ℃烘箱内烘干 2 h 的碳酸钠(优级纯或基准级纯)1.5~2 g(精确至 0.000 1 g),记录为 $m_0$,置于 250 mL 三角瓶中,加 100 mL 蒸馏水使其完全溶解;然后加入 2~3 滴 0.1%甲基橙指示剂,记录滴定管中待标定的盐酸标准溶

液初始体积 $V_1$,用待标定的盐酸标准溶液滴定,至碳酸钠溶液由黄色变为橙红色;将溶液加热至微沸,并保持微沸 3 min,然后放在冷水中冷却至室温,如此时橙红色变为黄色,再用盐酸标准溶液滴定,至溶液出现稳定橙红色时为止,记录滴定管中盐酸标准溶液体积 $V_2$。 $V_1$、$V_2$ 的差值即为盐酸标准溶液的消耗量 $V$。

盐酸标准溶液的摩尔浓度按式(3-1)计算:

$$N = m_0/(V \times 0.053) \tag{3-1}$$

式中:$N$ ——盐酸标准溶液摩尔浓度(mol/L);

$m_0$ ——称取碳酸钠的质量(g);

$V$ ——滴定时消耗盐酸标准溶液的体积(mL);

0.053——与 1.00 mL 盐酸标准溶液[$c$(HCl)=1.000 mol/L]相当的以克表示的无水碳酸钠的质量。

(2) 1%酚酞指示剂:称取 0.5 g 酚酞溶于 50 mL 95%乙醇中。

(3) 0.1%甲基橙水溶液:称取 0.05 g 甲基橙溶于 50 mL 蒸馏水中。

**5. 准备试样**

(1) 生石灰试样:将生石灰样品打碎,使其颗粒不大于 1.18 mm。拌和均匀后用四分法缩减至 200 g 左右,放入瓷研钵中研细。再经四分法缩减几次至剩下 20 g 左右。研磨所得石灰样品应通过 0.15 mm(方孔)的筛,从此细试样中均匀挑取 10 g 左右,置于称量瓶中在 105 ℃烘箱中烘至恒重,储于干燥器中,供试验用。

(2) 消石灰试样:将消石灰样品用四分法缩减 10 g 左右。如有大颗粒存在须在瓷研钵中磨细至无不均匀颗粒存在为止。置于称量瓶中在 105 ℃烘至恒重,储于干燥器中,供试验用。

**6. 试验步骤**

(1) 迅速称取石灰试样 0.8~1.0 g(准确至 0.000 1 g),放入 300 mL 三角瓶中,记录试样质量 $m$。 加入 150 mL 新煮沸并已冷却的蒸馏水和 10 颗玻璃珠。瓶口插一短颈漏斗,使用带电阻的电炉加热 5 min(调至最高挡),但勿使液体沸腾,放入冷水中迅速冷却。

(2) 滴入酚酞指示剂 2 滴,记录滴定管中盐酸标准溶液体积 $V_3$,在不断摇动下以盐酸标准溶液滴定,控制速度每秒 2~3 滴,至粉红色完全消失,稍停,又出现粉红色,继续滴入盐酸,如此重复几次,直至 5 min 内不出现粉红色为止,记录滴定管中盐酸标准溶液体积 $V_4$。 $V_3$、$V_4$ 的差值即为盐酸标准溶液的消耗量 $V_5$。如滴定过程持续半小时以上,则结果只能作参考。

### 7. 计算

有效氧化钙和氧化镁含量按式(3-2)计算。

$$X = \frac{V_5 \times N \times 0.028}{m} \times 100 \qquad (3\text{-}2)$$

式中：$X$ ——有效氧化钙和氧化镁的含量(%)；

$\quad\quad V_5$ ——滴定消耗盐酸标准溶液的体积(mL)；

$\quad\quad N$ ——盐酸标准溶液的摩尔浓度(mol/L)；

$\quad\quad m$ ——样品质量(g)；

$\quad\quad 0.028$——氧化钙的毫克当量。因氧化镁含量甚少,并且两者之毫克当量相差不大,故有效氧化钙和氧化镁的毫克当量都以 CaO 的毫克当量计算。

### 8. 结果整理

(1) 读数精确至 0.1 mL。

(2) 对同一石灰样品至少应做两个平行试样和进行两次测定,并取两次测定结果的平均值代表最终结果。

### 9. 试验报告

报告应包含以下内容：

(1) 石灰来源；

(2) 试验方法名称；

(3) 单个试验结果；

(4) 试验结果平均值。

表 3-1　石灰有效氧化钙和氧化镁含量试验记录表

| 委托单位 | | 试验单位 | |
|---|---|---|---|
| 委托单编号 | | 试验规程 | |
| 工程部位 | | 温度、湿度 | |
| 试样描述 | | 试验日期 | |
| 盐酸标准溶液的摩尔浓度滴定 | | | | |
| 碳酸钠质量 (g) | 滴定管中盐酸标准溶液体积 | | 盐酸标准溶液消耗量(mL) | 摩尔浓度 $N$(mol/L) | 平均摩尔浓度 (mol/L) |
| | $V_1$(mL) | $V_2$(mL) | | | |
| | | | | | |
| | | | | | |

(续表 3-1)

| 石灰钙镁含量滴定 | | | | | |
|---|---|---|---|---|---|
| 试验编号 | 石灰质量（g） | 滴定管中盐酸标准溶液体积 | | 盐酸标准溶液消耗量 $V_5$（mL） | 石灰钙镁含量 $X$（%） |
| | | $V_3$（mL） | $V_4$（mL） | | |
| 1 | | | | | |
| 2 | | | | | |
| 结论 | | | | | |

试验者： 审核者： 技术负责人：

# 3.2 水泥的细度、标准稠度用水量、凝结时间和安定性试验

## 3.2.1 水泥细度试验

### 1. 试验依据

《公路工程水泥及水泥混凝土试验规程》(JTG 3420—2020)第 3 章水泥试验3.1 节水泥物理、化学性能试验 T 0502—2005 水泥细度试验方法(筛析法)。

### 2. 目的与适用范围

本方法规定了水泥及水泥混凝土用矿物掺合料细度的试验方法。本方法适用于通用硅酸盐水泥、道路硅酸盐水泥及指定采用本方法的其他品种水泥与矿物掺合料。

### 3. 仪器设备

（1）试验筛

① 试验筛由圆形筛框和筛网组成，分负压筛和水筛两种，其结构尺寸如图3-1、图 3-2 所示。负压筛应附有透明筛盖，筛盖与筛上口应有良好的密封性。

② 筛网应绷紧在筛框上，筛网和筛框接触处应用防水胶密封，防止水泥嵌入。

（2）负压筛析仪

① 负压筛析仪由筛座、负压筛、负压源及收尘器组成，其中筛座由转速为30 r/min±2 r/min 的喷气嘴、费用表、卡纸板、微电机机壳体组成，见图3-3，负压筛析仪见图 3-4。

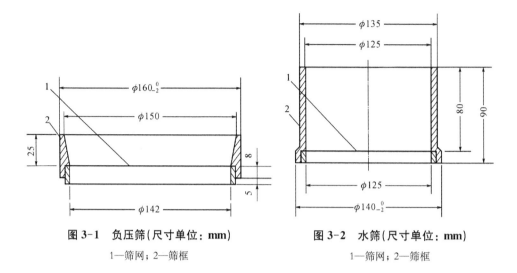

图 3-1　负压筛(尺寸单位：mm)

1—筛网；2—筛框

图 3-2　水筛(尺寸单位：mm)

1—筛网；2—筛框

② 筛析仪负压可调节范围 4 000～6 000 Pa。

③ 喷气嘴上口平面与筛网之间距离为 2～8 mm。

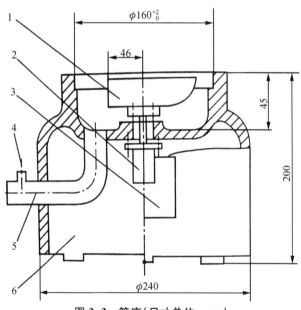

图 3-3　筛座(尺寸单位：mm)

1—喷气嘴；2—微电机；3—控制板开口；
4—负压表接口；5—负压源及收尘器接口；6—壳体

④ 喷气嘴的上开口尺寸见图 3-5。

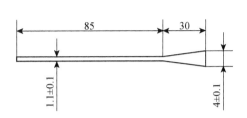

图 3-4　水泥真空负压筛析仪　　　　图 3-5　喷气嘴上开口(尺寸单位：mm)

⑤ 负压源和收尘器,由功率≥600 W 的工业吸尘器和小型旋风收尘筒等组成,或用其他具有相当功能的设备。

（3）水筛架和喷头

水筛架和喷头的结构尺寸应符合 JC/T 728—2005《水泥标准筛和筛析仪》的规定,但其中水筛架上筛座内径为 $140^{+0}_{-3}$ mm。

（4）天平

量程应大于 100 g,感量不大于 0.01 g。

**4. 样品处理**

水泥样品应充分搅拌均匀,通过 0.9 mm 方孔筛,记录筛余物情况,要防止过筛时混进其他粉体。

**5. 试验步骤**

（1）负压筛法

① 筛析试验前,应把负压筛放在筛座上,盖上筛盖,接通电源,检查控制系统,调节负压至 4 000～6 000 Pa 范围内。

② 试验称取试样 10 g,称取试样精确至 0.01 g。

③ 试样置于洁净的负压筛中,盖上筛盖,放在筛座上,开动筛析仪连续筛析 120 s,在此期间如有试样附着在筛盖上,可轻轻地敲击,使试样落下。筛毕,用天平称量筛余物质量,精确至 0.01 g。

④ 当工作负压小于 4 000 Pa 时,应清理吸尘器内水泥,使负压恢复正常。

（2）水筛法

① 筛析试验前,调整好水压及水筛架的位置,使其能正常运转。喷头底面和

筛网之间距离为 35~75 mm。

② 称取试样 50 g,置于洁净的水筛中,立即用淡水冲洗至大部分细粉通过后,放在水筛架上,用水压为 0.05 MPa±0.02 MPa 的喷头连续冲洗 180 s。筛毕,用少量水把筛余物冲至蒸发皿中,等水泥颗粒全部沉淀后,小心倒出清水,烘干并用天平称量筛余物质量,精确至 0.01 g。

(3)试验筛的清洗

试验筛必须保持洁净,筛孔通畅,使用 10 次以后要进行清洗。金属框筛、铜丝网筛清洗时应用专门的清洗剂,不可用弱酸浸泡。

**6. 试验结果**

(1)水泥试样筛余百分数按式(3-3)计算。

$$F = \frac{R_s}{m} \times 100 \tag{3-3}$$

式中:$F$ ——水泥试样的筛余百分数(%);

$R_s$ ——水泥筛余物质量(g);

$m$ ——水泥试样质量(g)。

计算结果精确至 0.1%。

(2)结果处理

① 修正系数的测定。按照如下方法进行:

用一种已知 45 μm 标准筛筛余百分数的粉状试样(该试样不受环境影响,筛余百分数不发生变化)作为标准样;按上面第 5 节的试验步骤,测定标准样在试验筛上的筛余百分数。

试验筛修正系数,按式(3-4)计算:

$$C = F_n / F_t \tag{3-4}$$

式中:$C$—— 试验筛修正系数;

$F_n$—— 标准样品的筛余标准值(%);

$F_t$—— 标准样品在试验筛上的筛余值(%)。

结果计算精确至 0.01。

需要注意的是,修正系数 $C$ 超出 0.80~1.20 范围时,试验筛应予以淘汰,不得使用。

水泥试样筛余百分数结果修正按式(3-5)计算:

$$F_c = C \cdot F \qquad\qquad (3-5)$$

式中：$F_c$——水泥试样修正后的筛余百分数（%）；

    $C$——试验筛修正系数；

    $F$——水泥试样修正前的筛余百分数（%）。

结果计算精确至 0.1%。以两次平行试验结果（经修正系数修正）的算术平均值为测定值，结果精确至 0.1%；当两次筛余结果相差大于 0.3% 时，试验数据无效，需重新试验。

② 负压筛法与水筛法测定的结果发生争议时，以负压筛法为准。

**7. 试验报告**

试验报告应包括以下内容：

（1）试样编号；

（2）要求检测的项目名称；

（3）原材料的品种、规格和产地；

（4）试验日期及时间；

（5）仪器设备的名称、型号及编号；

（6）环境温度和湿度；

（7）试验采用方法；

（8）执行标准；

（9）水泥试样的筛余百分数；

（10）要说明的其他内容。

### 3.2.2 水泥标准稠度用水量、凝结时间、安定性检验方法

**1. 试验依据**

《公路工程水泥及水泥混凝土试验规程》（JTG 3420—2020）第 3 章水泥试验3.1 节水泥物理、化学性能试验 T 0505—2020 水泥标准稠度用水量、凝结时间、安定性试验方法。

**2. 目的与适用范围**

本方法规定了水泥标准稠度用水量、凝结时间、安定性测试方法，可用于评定水泥的质量。

本方法适用于硅酸盐水泥、普通硅酸盐水泥、矿渣硅酸盐水泥、粉煤灰硅酸盐水泥、火山灰硅酸盐水泥、复合硅酸盐水泥、道路硅酸盐水泥及指定采用本方法的

其他品种水泥。

**3. 仪器设备**

(1) 水泥净浆搅拌机:符合 JC/T 729—2005 的要求,如图 3-6 所示。

(2) 标准法维卡仪:如图 3-7 所示,标准稠度测定用试杆有效长度为50 mm ±1 mm,由直径为 10 mm±0.05 mm 的圆柱形耐腐蚀金属制成。测定凝结时间时取下试杆,用试针代替试杆。试杆由钢制成,其有效长度初凝针为 50 mm ±1 mm,终凝针为 30 mm±1 mm,圆柱体直径为 1.13 mm±0.05 mm。滑动部分的总质量为300 g±1 g。与试杆、试针联结的滑动杆表面应光滑,能靠重力自由下落,不得有紧涩和旷动现象。

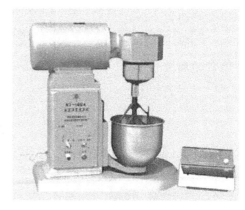

**图 3-6　水泥净浆搅拌机**

盛装水泥净浆的试模应由耐腐蚀的、有足够硬度的金属制成。试模深 40 mm± 0.2 mm,圆锥台顶内径为 65 mm±0.5 mm、底内径为 75 mm±0.5 mm,每只试模应配一个边长或直径约为 100 mm,厚度为 4～5 mm 的平板玻璃底板或金属底板。

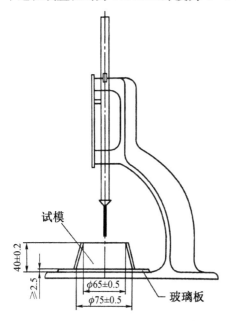

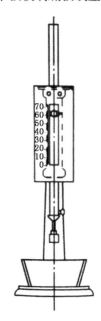

(a) 初凝时间测定用立式试模侧视图　　　　(b) 终凝时间测定用反转试模前视图

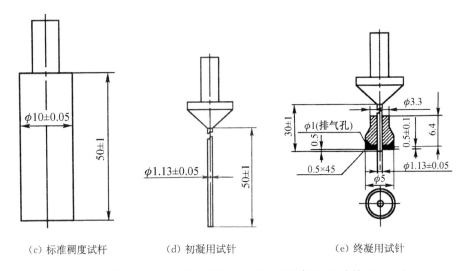

（c）标准稠度试杆　　　　（d）初凝用试针　　　　（e）终凝用试针

**图 3-7　测定水泥标准稠度及凝结时间用的维卡仪（尺寸单位：mm）**

（3）代用法维卡仪：符合 JC/T 727—2005 的规定。

（4）沸煮箱：应符合现行《水泥安定性试验用沸煮箱》（JC/T 955—2005）的规定。有效容积约为 410 mm×240 mm×310 mm，箅板结构应不影响试验结果，箅板与加热器之间的距离大于 50 mm。箱的内层由不易锈蚀的金属材料制成，能在 30 min±5 min 内将箱内的试验用水由室温升至沸腾并可保持沸腾状态 3 h 以上，整个试验过程中不需要补充水量，如图 3-8 所示。

**图 3-8　沸煮箱**

（5）雷氏夹膨胀仪：由铜质材料制成，其结构如图 3-9 所示。当一根指针的根部先悬挂在一根金属丝或尼龙丝上，另一根指针的根部再挂上 300 g 质量的砝码时，两根指针的针尖距离增加应在 17.5 mm±2.5 mm 范围以内，即 $2x = 17.5$ mm±2.5 mm，当去掉砝码后针尖的距离能恢复至挂砝码前的状态。雷氏夹受力示意图如图 3-10 所示。

（6）量水器：分度值为 0.5 mL。

（7）天平：最大量程不小于 1 000 g，感量不大于 1 g。

（8）水泥标准养护箱：应能使温度控制在 20 ℃±1 ℃，相对湿度大于 90%。

（9）雷氏夹膨胀值测定仪：如图 3-11 所示，标尺最小刻度 0.5 mm。

（10）秒表：分度值1 s。

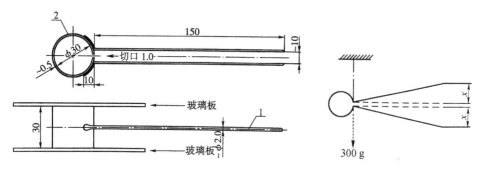

图 3-9　雷氏夹示意图(尺寸单位：mm)　　　　图 3-10　雷氏夹受力示意图

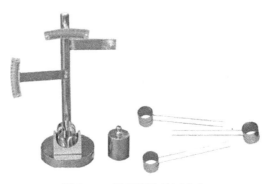

图 3-11　雷氏膨胀值测定仪

### 4. 试样及用水

（1）水泥试样应充分搅拌均匀,通过 0.9 mm 方孔筛并记录筛余物情况,但要防止过筛时混进其他粉料。

（2）试验用水必须是洁净的饮用水,如有争议时可用蒸馏水。

### 5. 实验室温度、相对湿度

（1）实验室温度为 20 ℃±2 ℃,相对湿度大于 50%。

（2）水泥试样、拌和水、仪器、用具的温度应与实验室内室温一致。

### 6. 标准稠度用水量测定(标准法)

（1）试验前必须做到的几点

① 维卡仪的金属棒能够自由滑动。试模和玻璃底板用湿布擦拭(但不允许有水),将试模放在底板上。

② 调整至试杆接触玻璃板时指针对准零点。

③ 水泥净浆搅拌机运行正常。

（2）水泥净浆拌制

用水泥净浆搅拌机搅拌，拌和锅和搅拌叶片先用湿布擦过，将拌和水倒入搅拌锅中，然后 5～10 s 内小心将称好的 500 g 水泥加入水中，防止水和水泥溅出。拌和时，先将锅放在搅拌机的锅座上，升至搅拌位置，启动搅拌机，低速搅拌 120 s，停 15 s，同时将叶片和锅壁上的水泥浆刮入锅中间，接着高速搅拌 120 s 停机。

（3）标准稠度用水量测定步骤

① 拌和结束后，立即取适量水泥净浆一次性将其装入已置于玻璃底板上的试模中，浆体超过试模上端，用宽约 25 mm 的直边刀轻轻拍打超出试模部分的浆体 5 次以排除浆体中的孔隙，然后在试模上表面约 1/3 处，略倾斜于试模分别向外轻轻锯掉多余净浆，再从试模边沿轻抹顶部一次，使净浆表面光滑。在锯掉多余的净浆和抹平的操作过程中，注意不要压实净浆。

② 抹平后迅速将试模和底板移到维卡仪上，并将其中心定在试杆下，降低试杆直到与水泥净浆表面接触，拧紧螺丝 1～2 s 后，突然放松，使试杆垂直自由地沉入水泥净浆中。在试杆停止沉入或释放试杆 30 s 时记录试杆距底板之间的距离，升起试杆后，立即擦净。

③ 整个操作应在搅拌后 90 s 内完成。以试杆沉入净浆并距底板 6 mm±1 mm 的水泥净浆为标准稠度净浆。其拌和水量为该水泥的标准稠度用水量（$P$），按水泥质量的百分比计，结果精确至 1%。

④ 当试杆距玻璃板距离小于 5 mm 时，应适当减水，重复水泥浆的拌制和上述过程；若距离大于 7 mm，则应适当加水，并重复水泥浆的拌制和上述过程。

**7. 标准稠度用水量测定（代用法）**

（1）标准稠度用水量的测定可用调整水量法和不变水量法两种方法中的任意一种，如发生争议时，以调整水量法为准。采用调整水量法测定标准稠度用水量时，拌和水量应按经验确定加水量；采用不变水量法测定时，拌和水量为 142.5 mL，水量精确到 0.5 mL。

（2）试验前须检查项目：仪器金属棒应能自由滑动；试锥降至锥模顶面位置时，指针应对准标尺零点；搅拌机运转应正常等。

（3）水泥净浆拌制同上面第 6 节。

（4）标准稠度用水量测定

① 拌和结束后,立即将拌好的净浆装入锥模内,用宽约 25 mm 的直边刀轻轻插捣 5 次,再轻轻振动 5 次,刮去多余净浆;抹平后迅速放到试锥下面固定位置上。将试锥降至净浆表面拧紧螺丝处,拧紧螺丝 1~2 s 后,突然放松,让试锥自由沉入净浆中,到试锥停止下沉时记录试锥下沉深度。整个操作应在搅拌后 90 s 内完成。

② 用调整水量法测定时,以试锥下沉深度 30 mm±1 mm 时的净浆为标准稠度净浆。其拌和水量为该水泥的标准稠度用水量(P),按水泥质量的百分比计。如下沉深度超出范围,须另称试样,调整水量,重新试验,直至达到 30 mm±1 mm 时为止。

③ 用不变水量法测定时,标准稠度用水量按式 (3-6)计算:

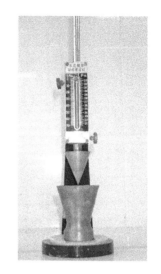

**图 3-12  代用法水泥标准稠度用水量测试仪**

$$P = 33.4 - 0.185S \tag{3-6}$$

式中  $P$—— 水泥标准稠度用水量(%);

$S$—— 试锥下沉深度(mm)。

结果计算精确至 1%。

当试锥下沉深度小于 13 mm 时,应改用调整水量法测定。

**8. 凝结时间测定**

(1)测定前准备工作:调整凝结时间测定仪的试针接触玻璃板,使指针对准零点。

(2)试件的制备:以标准稠度用水量按第 6 节制成标准稠度净浆(记录水泥全部加入水中的时间作为凝结时间的起始时间)一次装满试模,振动数次后刮平,立即放入养护箱中。

(3)初凝时间测定

① 记录水泥全部加入水中至初凝状态的时间,用"min"计。

② 试件在湿气养护箱中养护至加水后 30 min 时进行第一次测定。测定时,从湿气养护箱中取出试模放到试针下,降低试针与水泥净浆表面接触。拧紧螺丝 1~2 s 后突然放松,使试杆垂直自由地沉入水泥净浆中。观察试针停止沉入或释放试针 30 s 时指针的读数。

③ 临近初凝时,每隔 5 min 测定一次。当试针下沉距底板 4 mm±1 mm 时,为水泥达到初凝状态。

④ 达到初凝时应立即重复测一次,当两次结论相同时才能定为达到初凝状态。

(4) 终凝时间测定

① 由水泥全部加入水中至终凝状态的时间为水泥的终凝时间,用"min"计。

② 为了准确观察试件沉入的状况,在终凝针上安装一个环形附件。在完成初凝时间测定后,立即将试模连同浆体以平移的方式从玻璃板下反转 180°,直径大端向上、小端向下,放入湿气养护箱中继续养护。

③ 临近终凝时间时每隔 15 min(或更短时间)测定一次,当试针沉入试件 0.5 mm 时,即环形附件开始不能在试件上留下痕迹时,为水泥达到终凝状态。

④ 达到终凝时需要在试体另外两个不同点测试,结论相同时才能确定达到终凝状态。

(5) 测定时应注意,在最初测定的操作中应轻轻扶持金属柱,使其徐徐下降,以防止试杆撞弯,但测定结果以自由下落为准;在整个测试过程中试针沉入的位置至少要距试模内壁 10 mm,每次测定不能让试针落入原孔,每次测试完毕须将试针擦净并将试模放回湿气养护箱内,整个测试过程要防止试模振动。

**9. 安定性测定(标准法)**

(1) 测定前的准备工作

每个试样需要两个试件,每个雷氏夹需配备两个边长或直径约 80 mm,厚度为 4~5 mm 的玻璃板。凡与水泥净浆接触的玻璃板和雷氏夹表面都要稍稍涂上一层油。

(2) 雷氏夹试件的制备方法

将预先准备好的雷氏夹放在已稍擦油的玻璃板上,并立刻将已制好的标准稠度净浆装满试模,装模时一只手轻轻扶持试模,另一只手用宽约 25 mm 直边小刀在浆体表面轻轻插捣 3 次,然后抹平,盖上稍涂油的玻璃板,接着立刻将试模移至湿气养护箱内养护 24 h±2 h。

(3) 沸煮

① 调整好沸煮箱内的水位,使之在整个沸煮过程中都能没过试件,无须中途添补试验用水,同时又能保证在 30 min±5 min 内升至沸腾。

② 脱去玻璃板,取下试件,先检查试饼是否完整(如已开裂、翘曲,要检查原

因,确定无外因时,该试饼已属不合格品,不必沸煮),在试饼无缺陷的情况下,用雷氏法测定时,先测量雷氏夹指针间的距离 $A$,精确到 0.5 mm,接着将试件放入沸煮箱中的试件架上,指针朝上,试件之间互不交叉,然后在 30 min±5 min 内加热至沸腾并恒沸 180 min±5 min。

（4）结果判断

沸煮结束后,立即放掉箱中热水,打开箱盖,待箱体冷却至室温,取出试件进行判断。

测量雷氏夹指针尖端间的距离 $C$,精确至 0.5 mm。当两个试件煮后增加距离 $(C-A)$ 的平均值不大于 5.0 mm 时,即认为该水泥安定性合格;当两个试件的 $(C-A)$ 的平均值相差超过 5.0 mm 时,应用同一样品立即重新做一次试验,再如此,则认为该水泥的安定性不合格。

### 10. 安定性测定（代用法）

（1）测定前的准备工作

每个样品需准备两块 100 mm×100 mm 的玻璃板,凡与水泥净浆接触的玻璃板都要稍稍涂上一层油。

（2）试饼的成型方法

将制好的净浆取出一部分,分成两份,使之成球形,放在预先准备好的玻璃板上,轻轻振动玻璃板并用湿布擦净的小刀由边缘向中央抹动,做成直径 70～80 mm、中心厚约 10 mm、边缘渐薄、表面光滑的试饼,如图 3-13 所示,接着将试饼放入湿气养护箱内养护 24 h±2 h。

**图 3-13　水泥净浆试饼**

（3）沸煮

① 调整好沸煮箱内的水位,使之在整个沸煮过程中都能没过试件,无须中途添补试验用水,同时保证在 30 min±5 min 内能沸腾。

② 脱去玻璃板取下试件,先检查试饼是否完整（如已开裂、翘曲,要检查原因,确定无外因时,该试饼已属不合格品,不必沸煮）,在试饼无缺陷的情况下将试饼放在沸煮箱的水中算板上,然后在 30 min±5 min 内加热水至沸腾,并恒沸 180 min±5 min。

（4）结果判断

沸煮结束后,立即放掉箱中热水,打开箱盖,待箱体冷却至室温,取出试件进行判断。目测试饼未发现裂缝,用钢直尺检查也没有弯曲(使钢尺和试饼底部紧靠,以两者间不透光为不弯曲)的试饼为安定性合格;反之为不合格。当两个试饼判别结果有矛盾时,该水泥的安定性为不合格。

**11. 试验报告**

试验报告应包含以下内容:

（1）要求检测的项目名称;

（2）试样编号;

（3）试验日期及时间;

（4）仪器设备名称、型号及编号;

（5）环境温度及湿度;

（6）执行标准;

（7）使用检测方法;

（8）水泥试样的标准稠度用水量、凝结时间、安定性;

（9）要说明的其他内容。

# 3.3　水泥胶砂强度试验(ISO法)

**1. 试验依据**

《公路工程水泥及水泥混凝土试验规程》(JTG 3420—2020)第 3 章水泥试验 3.2 节水泥胶砂性能试验 T 0506—2005 水泥胶砂强度试验方法(ISO 法)。

**2. 目的与适用范围**

本方法规定了水泥胶砂强度的试验方法(ISO 法)。

本方法适用于通用硅酸盐水泥、道路硅酸盐水泥及指定采用本方法的其他品种水泥。

**3. 仪器设备**

（1）胶砂搅拌机

胶砂搅拌机属行星式,其搅拌叶片和搅拌锅做相反方向转动。叶片和锅由耐磨的金属材料制成,叶片与锅底、锅壁之间的间隙为叶片与锅壁最近的距离。制造质量应符合 JC/T 681—2005,如图 3-14 所示。

（2）振实台

振实台如图 3-15 所示,应符合 JC/T 682—2005 的规定。由装有两个对称偏心轮的电机产生振动,使用时固定于混凝土基座上。基座高约 400 mm,混凝土体积约为 0.25 m³,重约 600 kg。为防止外部振动影响振实效果,可在整个混凝土基座下放一层厚约 5 mm 的天然橡胶弹性衬垫。

图 3-14　水泥胶砂搅拌机　　　　图 3-15　振实台

将仪器用地脚螺丝固定在基座上,安装后设备呈水平状态,仪器底座与基座之间要铺一层砂浆以确保其完全接触。

(3) 代用振动台

使用该设备最终得到的 28 d 抗压强度与按 ISO 679 规定方法得到的强度之差在 5% 内为合格。使用代用振动台,其频率为 2 800~3 000 次/min,振动台为全波振幅 0.75 mm±0.02 mm。代用胶砂振动台如图 3-16 所示,应符合 JC/T 723—2005 的规定和 GB/T 17671—1999 中第 11 章的要求。

(4) 试模及下料漏斗

① 试模为可装卸的三联模,由隔板、端板、底座等部分组成,制造质量应符合 JC/T 726—2005《水泥胶砂试模》的规定,如图 3-17 所示。可同时成型三条截面为 40 mm×40 mm×160 mm 的棱形试件。

图 3-16　代用胶砂振动台　　　　图 3-17　水泥胶砂强度试模

② 下料漏斗如图 3-18 所示,由漏斗和模套两部分组成。漏斗用厚为0.5 mm 的白铁皮制作,下料漏斗宽度一般为 4～5 mm。模套高度 20 mm,用金属材料制作。套模壁与模型内壁应重叠,超出内壁不应大于 1 mm。

(5)抗折试验机和抗折夹具

抗折试验机应符合 JC/T 724—2005 中的要求,一般采用双杠杆式,也可采用性能符合要求的其他试验机,如图 3-19 所示。加荷与支撑圆柱必须用硬质钢材制造。通过三根圆柱轴的三个竖向平面应该平行,并在试验时继续保持平行和等距离垂直试件的方向,其中一根支撑圆柱能轻微地倾斜使圆柱与试件完全接触,以便荷载沿试件宽度方向均匀分布,同时不产生任何扭转应力,如图 3-20 所示。

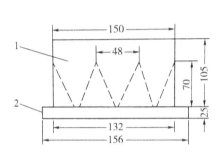

图 3-18　下料漏斗(尺寸单位: mm)

1—漏斗；2—模套

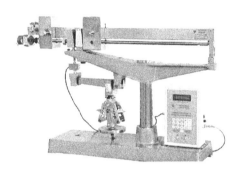

图 3-19　电动抗折试验机

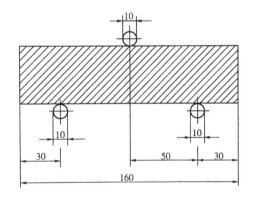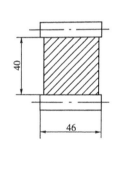

图 3-20　抗折强度测定加荷图(尺寸单位: mm)

抗折夹具应符合 JC/T 724—2005 中的要求。

抗折强度也可用抗压强度试验机来测定,此时应使用符合上述规定的夹具。

（6）抗压试验机和抗压夹具

① 抗压试验机的吨位以 200～300 kN 为宜。抗压试验机在较大的 4/5 量程范围内使用时，记录荷载应有±1.0％的精度，并具有按 2 400 N/s±200 N/s 速率的加荷能力，应具有一个能指示试件破坏时荷载的指示器。

压力机的活塞竖向轴应与压力机的竖向轴重合，而且活塞作用的合力要通过试件中心。压力机的下压板表面应与该机的轴线垂直并在加荷过程中一直保持不变。

② 当试验机没有球座，或球座不灵活或直径大于 120 mm 时，应采用抗压夹具，由硬质钢材制成，受压面积为 40 mm×40 mm，并应符合 JC/T 683—2005 的规定，如图 3-21 所示。

**图 3-21 水泥抗压夹具**

需要注意的是：①试验机的最大荷载以 200～300 kN 为佳，可以有两个以上的荷载范围，其中最低荷载范围的最大值大致为最高范围的最大值的 1/5；②采用具有加荷速度自动调节方法和具有结果记录装置的压力机是合适的；③可以润滑球座以便与试件接触更好，但应确保在加荷期间不能因此而发生压板的位移，在高压下有效的润滑剂不宜使用，以避免压板移动；④"竖向""上""下"等术语是对传统试验机而言。

（7）天平：量程不小于 2 000 g，感量不大于 1 g。

**4. 材料**

（1）水泥试样从取样到试验要保持 24 h 以上时，应将其储存在基本装满和气密的容器中，这个容器不能和水泥反应。

（2）ISO 标准砂。各国生产的标准砂都可以按本方法测定水泥强度。中国 ISO 标准砂符合 ISO 679 中 5.1.3 要求，其质量控制按 GB/T 17671—1999 的第 11 章进行。

（3）试验用水为饮用水。仲裁试验时用蒸馏水。

**5. 温度与相对湿度**

（1）试件成型实验室应保持实验室温度 20 ℃±2 ℃（包括强度实验室），相对湿度大于 50％。水泥试样、ISO 标准砂、拌和水及试模等的温度应与室温相同。

（2）养护箱或雾室温度为 20 ℃±1 ℃，相对湿度大于 90％，养护水的温度为 20 ℃±1 ℃。

（3）试件成型实验室的空气温度和相对湿度在工作期间每天应至少记录一

次。养护箱或雾室温度和相对湿度至少每 4 h 记录一次。

**6. 试件制备**

（1）成型前将试模擦净，四周的模板与底座接触面上应涂黄油，紧密装配，防止漏浆，内壁均匀地刷涂薄层机油。

（2）水泥与 ISO 标准砂的质量比为 1:3，水灰比为 0.5。火山灰质硅酸盐水泥、粉煤灰硅酸盐水泥、复合硅酸盐水泥和掺火山灰质混合材料的流动度小于 180 mm 时，应以 0.01 整倍数递增的方法将水灰比调整至胶砂流动度不小于 180 mm 为止。

（3）每成型三条试件需称量的材料及用量为：水泥 450 g±2 g，ISO 标准砂 1 350 g±5 g，水 225 mL±1 mL。

（4）将水加入锅中，再加入水泥，把锅放在固定架上并上升至固定位置。然后立即开动机器，低速搅拌 30 s 后在第二个 30 s 开始的同时均匀将砂子加入。当砂是分级装时，应从最粗粒级开始依次加入，再高速搅拌 30 s。停拌 90 s，在停拌的第一个 15 s 内用胶皮刮具将叶片和锅壁上的胶砂刮入锅中。在高速下继续搅拌 60 s。各个阶段时间误差应在±1 s 内。

（5）用振实台成型时，将空试模和模套固定在振实台上，用适当的勺子直接从搅拌锅中将胶砂分两层装入试模。装第一层时，每个槽里约放 300 g 砂浆，用大播料器垂直架在模套顶部，沿每个模槽来回一次将料层抹平，接着振实 60 次。再装入第二层胶砂，用小播料器抹平，再振实 60 次。移走模套，从振实台上取下试模，并用刮尺以 90°的角度架在试模顶的一端，沿试模长度方向以横向锯割动作慢慢向另一端移动，一次将超出试模部分的胶砂刮去，并用同一直尺在近乎水平的情况下将试件表面抹平。

（6）当用代用振动台成型时，在搅拌胶砂的同时将试模及下料漏斗卡紧在振动台台面中心。将搅拌好的全部胶砂均匀地装于下料漏斗中，开动振动台 120 s±5 s 停机。振动完毕，取下试模，用刮刀按上述步骤(5)刮去多余胶砂并抹平试件。

（7）在试模上做标记或加字条标明试件的编号和试件相对于振实台的位置。两个龄期以上的试件，编号时应将同一试模中的三条试件分在两个以上的龄期内。

（8）试验前或更换水泥品种时，须将搅拌锅、叶片和下料漏斗等抹擦干净。

**7. 养护**

（1）编号后，将试模放入养护箱中养护，养护箱内算板必须水平。水平放置时刮平面应朝上。对于 24 h 龄期的，应在破型试验前 20 min 内脱模。对于 24 h

以上龄期的,应在成型后 20～24 h 内脱模。脱模时要非常小心,应防止试件损伤。硬化较慢的水泥允许延期脱模,但须记录脱模时间。

(2) 试件脱模后立即放入水槽中养护,试件之间间隙和试件上表面的水深不得小于 5 mm。每个养护池中只能养护同类型水泥试件,并随时加水,保持恒定水位,不允许养护期间全部换水。

(3) 除 24 h 龄期或延迟 48 h 脱模的试件外,任何到龄期的试件应在试验(破型)前 15 min 从水中取出。抹去试件表面沉淀物,并用湿布覆盖。

**8. 强度试验**

(1) 各龄期(试件龄期从水泥加水搅拌开始算起)的试件应在下列时间内进行强度试验:

表 3-2　各龄期试件的试验时间

| 龄期 | 试验时间 |
|---|---|
| 24 h | 24 h±15 min |
| 48 h | 48 h±30 min |
| 72 h | 72 h±45 min |
| 7 d | 7 d±2 h |
| 28 d | 28 d±8 h |

(2) 抗折强度试验

① 以中心加荷法测定抗折强度。

② 采用杠杆式抗折试验机试验时,试件放入前应使杠杆呈水平状态,将试件成型侧面朝上放入抗折试验机内。试件放入后调整夹具,使杠杆在试件折断时尽可能地接近水平位置。

③ 抗折试验加荷速度为 50 N/s±10 N/s,直至折断,并保持两个半截面棱柱试件处于潮湿状态直至抗压试验。

④ 抗折强度按式(3-7)计算:

$$R_\mathrm{f} = \frac{1.5 F_\mathrm{f} \times L}{b^3} \tag{3-7}$$

式中:$R_\mathrm{f}$——抗折强度(MPa);

　　　$F_\mathrm{f}$——破坏荷载(N);

　　　$L$——支撑圆柱中心距(mm),$L=100$ mm;

$b$ ——试件断面正方形的边长,为 40 mm。

⑤ 抗折强度结果取三个试件平均值,精确至 0.1 MPa。当三个强度中有超过平均值±10%的,应剔除后再平均,以平均值作为抗折强度试验结果。

(3)抗压强度试验

① 抗折强度试验后的断块应立即进行抗压试验。抗压试验需用抗压夹具进行,试件受压面为试件成型时的两个侧面,面积为 40 mm×40 mm。试验前应清除试件受压面与加压板间的砂粒或杂物。试件的底面靠紧夹具定位销,断块试件应对准抗压夹具中心,并使夹具对准压力机压板中心。

② 压力机加荷速度应控制在 2 400 N/s±200 N/s 速率范围内,在接近破坏时更应严格掌握。

③ 抗压强度按式(3-8)计算:

$$R_c = \frac{F_c}{A} \tag{3-8}$$

式中:$R_c$ ——抗压强度(MPa);

$F_c$ ——破坏荷载(N);

$A$ ——受压面积, 40 mm×40 mm＝1 600 mm$^2$。

结果计算精确到 0.1 MPa。

④ 抗压强度结果为一组 6 个断块试件抗压强度的算术平均值,精确至 0.1 MPa。如 6 个强度值中有一个超过平均值的±10%的,应剔除后将剩下的 5 个值的算术平均值作为最后结果。如果 5 个值中再有超过平均值±10%的,则此组试件无效。

**9. 试验报告**

试验报告应包含以下内容:

(1)要求检测的项目名称;

(2)原材料的品种、规格和产地;

(3)试验日期及时间;

(4)仪器设备名称、型号及编号;

(5)环境温度及湿度;

(6)执行标准;

(7)不同龄期对应的水泥试样的抗折强度、抗压强度,报告中应包括所有单个强度结果(包括舍去的试验结果)和计算给出的平均值;

（8）要说明的其他内容。

表 3-3　水泥物理力学性能试验记录表

| 委托单位 | | 试验单位 | |
|---|---|---|---|
| 委托单编号 | | 试验规程 | |
| 工程部位 | | 温度、湿度 | |
| 试样描述 | | 试验日期 | |

一、水泥细度试验

| 试验次数 ① | 筛析用试样质量(g) ② | 在 0.08 mm 筛余质量(g) ③ | 筛余百分率(%) | |
|---|---|---|---|---|
| | | | ④=③/② | 平均 |
| | | | | |
| | | | | |

二、水泥标准稠度用水量、凝结时间、安定性试验

| 试验次数 | 标准稠度用水量试验 | | 凝结时间试验 | | 安定性试验 |
|---|---|---|---|---|---|
| | 试锥下沉深度 (mm) | 计算用水量 (%) | 初凝时间 | 终凝时间 | 雷氏法($C-A$) (mm) |
| 1 | | | | | |
| 2 | | | | | |
| 平均 | | | | | |

三、水泥胶砂强度试验

| 试件编号 | 龄期 $t$ (d) | 抗折强度 | | | | | | 抗压强度 | | | |
|---|---|---|---|---|---|---|---|---|---|---|---|
| | | 破坏荷载 $F_f$(N) ① | 支点间距 $L$(mm) ② | 试件尺寸 (mm) | | 抗折强度 $R_f$(MPa) | | 破坏荷载 $F_c$(N) ⑤ | 受压面积 $A$(mm²) ⑥ | 抗压强度 $R_c$(MPa) | |
| | | | | 宽度 $b$ ③ | 高度 $h$ ④ | $R_f=1.5$①②/(③③④) | 平均 | | | $R_c$=⑤/⑥ | 平均 |
| 1 | | | | | | | | | | | |
| 2 | | | | | | | | | | | |
| 3 | | | | | | | | | | | |
| 结论 | | | | | | | | | | | |

试验者：　　　　　审核者：　　　　　技术负责人：

## 3.4　复习思考题

1. 水泥标准稠度用水量测定方法有哪两种？如发生争议时，以什么方法为准？

2. 采用不变水量法测定水泥标准稠度时，试杆沉入试样距底板多少才是水泥标准稠度用水量？

3. 安定性有哪两种试验方法？有争议时是以何种方法为准？

4. 简述水泥胶砂强度试件成型之后的脱模和养护过程？

# 第四章　水泥混凝土试验

**试验内容及学习要求**

本章选编了①水泥混凝土拌合物工作性和容重试验及水泥混凝土试件成型；②水泥混凝土抗压强度试验；③水泥混凝土抗弯拉强度试验；④水泥混凝土弯拉弹性模量试验；⑤水泥混凝土棱柱体轴心抗压强度及抗压弹性模量试验。

要求学生通过试验学习的知识点：①根据已知配合比制备水泥混凝土拌合物，并掌握测定其工作性的方法；②掌握测试水泥混凝土立方体抗压强度、抗弯拉强度及抗弯拉弹性模量、轴心抗压弹性模量等试验方法，并根据测试结果确定水泥混凝土强度等级。

## 4.1　水泥混凝土拌合物工作性和容重试验

### 4.1.1　水泥混凝土拌合物的拌和与现场取样方法

**1. 试验依据**

《公路工程水泥及水泥混凝土试验规程》(JTG 3420—2020)第4章水泥混凝土拌合物性能试验 T 0521—2005 水泥混凝土拌合物的拌和与现场取样方法。

**2. 目的与适用范围**

本方法规定了在常温环境中室内水泥混凝土拌合物的拌和与现场取样方法。

轻质水泥混凝土、防水水泥混凝土、碾压水泥混凝土等其他特种水泥混凝土的拌和与现场取样方法可以参照本方法进行，但因其特殊性所引起的对试验设备及方法的特殊要求，均应遵照这些水泥混凝土的有关技术规定进行。

**3. 仪器设备**

(1) 搅拌机：自动式或强制式，如图 4-1 所示。

(2) 振动台：标准振动台符合《混凝土试验用振动台》(JG/T 245—2009)的要

求,如图 4-2 所示。

(3) 磅秤:最大量程不小于 50 kg,感量不大于 5 g。

(4) 天平:最大量程不小于 2 000 g,感量不大于 1 g。

(5) 其他:铁板、铁铲等。

图 4-1　混凝土搅拌机　　　　　图 4-2　混凝土磁力振动台

**4. 材料**

(1) 所有材料均应符合有关要求,拌和前材料应放置在 20 ℃±5 ℃的室内。

(2) 为防止粗集料的离析,可将集料按不同粒径分开,使用时再按一定比例混合。试样从抽取至试验完毕,不要风吹日晒,必要时采取相应保护措施。

**5. 拌和步骤**

(1) 拌和时保持室温 20 ℃±5 ℃,相对湿度大于 50%。

(2) 拌和前,应将材料放置在温度为 20 ℃±5 ℃的室内,且时间不宜少于24 h。

(3) 为防止粗集料的离析,可将集料分档堆放,使用时再按一定比例混合。试样从抽样至试验结束的整个过程中,避免阳光直晒和水分蒸发,必要时应采取保护措施。

(4) 拌合物的总量至少应比所需量多 20% 以上。拌制混凝土的材料以质量计,称量的精确度:集料为 ±1%,水、水泥、掺合料和外加剂为 ±0.5%。

(5) 粗集料、细集料均以干燥状态(含水率小于 0.5% 的细集料和含水率小于0.2% 的粗集料)为基准,计算用水量时应扣除粗集料、细集料的含水量。

(6) 外加剂的加入:

①对于不溶于水或难溶于水且不含潮解型盐类的外加剂,应先和一部分水泥拌和,以保证分散。②对于不溶于水或难溶于水但含潮解型盐类的外加剂,应先

和细集料拌和。③对于水溶性或液体外加剂,应先和水均匀混合。④其他特殊外加剂,应符合相关标准的规定。

(7) 拌制混凝土所用各种用具,如铁板、铁铲、抹刀,应预先用水润湿,使用后必须清洗干净。

(8) 使用搅拌机前,应先用少量砂浆进行涮膛,再刮出涮膛砂浆,以避免正式拌和混凝土时水泥砂浆黏附筒壁的损失。涮膛砂浆的水灰比及砂灰比,应与正式的混凝土配合比相同。

(9) 用拌和机拌和时,拌和量宜为搅拌机最大容量的 1/4～3/4。

(10) 搅拌机搅拌:按规定称好原材料,往搅拌机内顺序加入粗集料、细集料、水泥。开动搅拌机,将材料拌和均匀,在拌和过程中徐徐加水,全部加料时间不宜超过 2 min。水全部加入后,继续拌和约 2 min,而后将拌合物倒出在铁板上,再经人工翻拌1～2 min,务必使拌合物均匀一致。

(11) 人工拌和:采用人工拌和时,先用湿布将铁板、铁铲润湿,再将称好的砂和水泥在铁板上拌匀,加入粗集料,再混合搅拌均匀。而后将此拌合物堆成长堆,中心扒成长槽,将称好的水倒入约一半,将其与拌合物仔细拌匀,再将材料堆成长堆,扒成长槽,倒入剩余的水,继续进行拌和,来回翻拌至少 10 遍。

(12) 从试样制备完毕到开始做各项性能试验不宜超过 5 min(不包括成型试件)。

**6. 现场取样**

(1) 新混凝土现场取样:凡是从搅拌机、料斗、运输小车以及浇制的构件中取新拌混凝土代表性样品时,均须从三处以上的不同部位抽取大致相同分量的代表性样品(不要抽取已经离析的混凝土),集中用铁铲翻拌均匀,而后立即进行拌合物的试验。拌合物取样量应多于试验所需数量的 1.5 倍,其体积不小于 20 L。

(2) 为使取样具有代表性,宜采用多次采样的方法,最后集中用铁铲翻拌均匀。

(3) 从第一次取样到最后一次取样不宜超过 15 min。取回的混凝土拌合物应经过人工再次翻拌均匀后再进行试验。

## 4.1.2 水泥混凝土拌合物稠度试验方法(坍落度仪法)

### 1. 试验依据

《公路工程水泥及水泥混凝土试验规程》(JTG 3420—2020)第 4.1 节水泥混

凝土拌合物的工作性能试验 T 0522—2005 水泥混凝土拌合物稠度试验方法(坍落度仪法)。

**2. 目的与适用范围**

本方法规定了采用坍落度仪测定水泥混凝土拌合物稠度的方法和步骤。

本方法适用于坍落度大于 10 mm、集料公称最大粒径不大于 31.5 mm 的水泥混凝土的坍落度测定。

**3. 仪器设备**

(1) 坍落筒:如图 4-3 所示,符合《混凝土坍落度仪》(JG/T 248—2009)规定。坍落筒为铁板制成的截头圆锥筒,厚度不小于 1.5 mm,内侧平滑,没有铆钉头类的突出物,在筒上方约 2/3 高度处有两

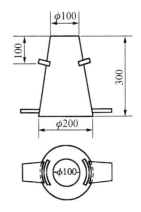

图 4-3 坍落度试验用坍落筒
(尺寸单位:mm)

个把手,近下端两侧焊有两个脚踏板,保证坍落筒可以稳定操作,坍落筒尺寸如表 4-1 所示。

表 4-1 坍落筒尺寸

| 集料公称最大粒径 (mm) | 筒的名称 | 筒的内部尺寸(mm) | | |
|---|---|---|---|---|
| | | 底面直径 | 顶面直径 | 高度 |
| <31.5 | 标准坍落筒 | 200±2 | 100±2 | 300±2 |

(2) 捣棒:直径 16 mm、长约 600 mm 并具有半球形端头的钢质圆棒。

(3) 钢尺:分度值为 1 mm。

(4) 其他:小铲、木尺、抹刀和钢平板等。

**4. 试验步骤**

(1) 试验前将坍落筒内外清洗干净,放在经水湿润过的平板上(平板吸水时应垫以塑料布),踏紧踏脚板。

(2) 将代表样分三层装入筒内,每层装入高度稍大于筒高的 1/3,用捣棒在每一层的横截面上均匀插捣 25 次。插捣在全面积上进行,沿螺旋线由边缘至中心,插捣底层时插至底部,插捣其他两层时,应插透本层并插入下层 20~30 mm,插捣须垂直压下(边缘部分除外),不得冲击。在插捣顶层时装入的混凝土应高出坍落筒口,随插捣过程随时添加拌合物。当顶层插捣完毕后,将捣棒用锯和滚的动作

清除多余的混凝土,用抹刀抹平筒口,刮净筒底周围的拌合物,而后立即垂直地提起坍落筒,提筒宜控制在 $3\sim7$ s 内完成,并使混凝土不受横向及扭力作用。从开始装料到提出坍落筒整个过程应在 150 s 内完成。

（3）将坍落筒放在锥体混凝土试样旁边,筒顶平放木尺,用小钢尺量出木尺底面至试样顶面最高点的垂直距离,即为该混凝土拌合物的坍落度,精确至 1 mm,如图 4-4 所示。

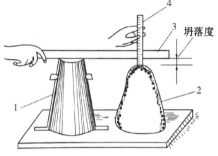

**图 4-4　坍落度试验**

1—坍落筒；2—拌合物试体；3—木尺；4—钢尺

（4）当混凝土试件的一侧发生崩坍或一边剪切破坏,则应重新取样另测。如果第二次仍发生上述情况,则表示该混凝土的和易性不好,应记录。

（5）当混凝土拌合物的坍落度大于 160 mm 时,用钢尺测量混凝土扩展后最终的最大直径和最小直径,在这两个直径之差小于 50 mm 的条件下,用其算术平均值作为坍落度扩展度值,如图 4-5 所示;否则,此次试验无效。

（6）坍落度试验的同时,可用目测方法评定混凝土拌合物的下列性质,并予以记录。

**图 4-5　混凝土扩展度**

① 棍度:按插捣混凝土拌合物时的难易程度评定。分"上""中""下"三级。

"上":表示插捣容易；

"中":表示插捣时稍有石子阻滞的感觉；

"下":表示很难插捣。

② 黏聚性:观测拌合物各成分相互黏聚情况。评定方法是用捣棒在已坍落的混凝土椎体侧面轻打。如锥体在轻打后逐渐下沉,表示黏聚性良好;如锥体突然倒坍、部分崩裂或发生石子离析现象,表示黏聚性不好。

④ 保水性:指水分从拌合物中析出的情况,分"多量""少量""无"三级评定。

"多量":表示提起坍落筒后,有较多水分从底部析出;

"少量":表示提起坍落筒后,有少量水分从底部析出;

"无":表示提起坍落筒后,没有水分从底部析出。

**5. 试验结果**

混凝土拌合物坍落度和坍落扩展度值以毫米(mm)为单位,测量精确至1 mm,结果修约至5 mm。

**6. 试验报告**

试验报告应包含以下内容:

(1) 要求检测的项目名称、执行标准;

(2) 原材料的品种、规格和产地以及混凝土配合比;

(3) 试验日期及时间;

(4) 仪器设备名称、型号及编号;

(5) 环境温度及湿度;

(6) 搅拌方式;

(7) 水泥混凝土拌合物坍落度(坍落扩展度);

(8) 要说明的其他内容,如棍度、含砂情况、粘聚性和保水性。

### 4.1.3 水泥混凝土拌合物稠度试验方法(维勃仪法)

**1. 试验依据**

《公路工程水泥及水泥混凝土试验规程》(JTG 3420—2020)第4.1节水泥混凝土拌合物的工作性能试验 T 0523—2005 水泥混凝土拌合物稠度试验方法(维勃仪法)。

**2. 目的与适用范围**

本方法规定用维勃稠度仪来测定水泥混凝土拌合物稠度的方法和步骤。

本方法适用于集料公称最大粒径不大于31.5 mm的水泥混凝土及维勃时间在5~30 s之间的干稠性水泥混凝土稠度的测定。

## 3. 仪器设备

（1）稠度仪（维勃仪）：如图 4-6 所示，符合《维勃稠度仪》（JG/T 250—2009）的规定。

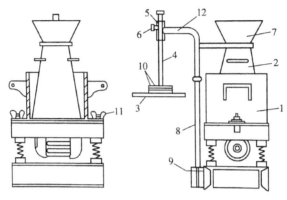

**图 4-6　稠度仪（维勃仪）示意图**

1—容量筒；2—坍落筒；3—圆盘；4—滑杆；5—套筒；6—螺栓；7—漏斗；
8—支柱；9—定位螺栓；10—荷载；11—元宝螺栓；12—旋转架

① 容量筒：为金属圆筒，内径 240 mm±5 mm，高 200 mm，壁厚 3 mm，底厚 7.5 mm。容器应不漏水并有足够的刚度，上有把手，底部外伸部分可用螺母将其固定在振动台上。

② 坍落筒：筒底部直径为 200 mm±2 mm，顶部直径为 100 mm±2 mm，高度为 300 mm±2 mm，壁厚不小于 1.5 mm，上、下开口并与锥体轴线垂直，内壁光滑，筒外安有把手。

③ 透明圆盘：用透明塑料制成，上装有滑杆 4。滑棒可以穿过套筒 5 垂直滑动。套筒装在一个可用螺钉固定位置的旋转臂上。旋臂上装有一个漏斗。坍落筒在容器中放好后，旋转旋臂，使漏斗底部套在坍落筒上口。旋臂装在支柱上，可用定位螺丝固定位置。滑杆和漏斗的轴线应与容器的轴线重合。

圆盘直径为 230 mm±2 mm，厚 10 mm±2 mm，圆盘、滑棒及荷重块组成的滑动部分总质量为 2.75 kg±0.05 kg。滑杆刻度可用来测量坍落度值。

④ 振动台：工作频率 50 Hz±3 Hz，空载振幅为 0.5 mm±0.1 mm，上有固定容器的螺栓。

（2）捣棒：直径为 16 mm，长约 600 mm，并具有半球形端头的钢质圆棒。

（3）秒表：分度值为 0.5 s。

**4. 试验步骤**

（1）将容量筒用螺母固定在振动台上，放入湿润的坍落筒，把漏斗转到坍落筒上口，拧紧螺丝，使漏斗对准坍落筒上方。

（2）按坍落度试验步骤，分三层经漏斗装拌合物，每装一层用捣棒从周边向中心螺旋形均匀插捣 25 次，插捣底层时捣棒应贯穿整个深度，插捣第二层时，捣棒应插透本层至下一层的表面，捣毕第三层混凝土后，拧松螺栓 6，把漏斗转回到原先的位置，并将筒模顶上的混凝土刮平，然后轻轻提起筒模。

（3）拧紧定位螺栓 9，使圆盘可定向地向下滑动，仔细转圆盘到混凝土上方，并轻轻与混凝土接触。检查圆盘是否可以顺利滑向容器。

（4）开动振动台并按动秒表，通过透明圆盘观察混凝土的振实情况，当圆盘底面刚被水泥浆布满时，迅速按停秒表并关闭振动台，记录秒表所记时间，精确至 1 s。

（5）仪器每测试一次后，必须将容器、筒模及透明圆盘洗净擦干，并在滑棒等处涂薄层黄油，以备下次使用。

**5. 试验结果**

秒表所表示时间即为混凝土拌合物稠度的维勃时间用秒（s）表示；以两次试验结果的平均值作为混凝土拌合物稠度的维勃时间，结果精确到 1 s。

**6. 试验报告**

试验报告应包含以下内容：

（1）要求检测的项目名称、执行标准；

（2）原材料的品种、规格和产地以及混凝土配合比；

（3）试验日期及时间；

（4）仪器设备名称、型号及编号；

（5）环境温度及湿度；

（6）搅拌方式；

（7）水泥混凝土拌合物维勃时间；

（8）要说明的其他内容。

## 4.1.4 水泥混凝土拌合物表观密度试验方法

**1. 试验依据**

《公路工程水泥及水泥混凝土试验规程》（JTG 3420—2020）第 4.2 节水泥混凝土拌合物物理、化学性能试验 T 0525—2020 水泥混凝土拌合物体积密度试验方法。

**2. 目的及适用范围**

本方法规定了水泥混凝土拌合物体积密度的试验方法。

本方法适用于测定水泥混凝土拌合物捣实后的体积密度。

**3. 仪器设备**

（1）容量筒：应为刚性金属制成的圆筒，筒外壁两侧应有提手。对于集料最大粒径不大于 31.5 mm 的混凝土拌合物，宜采用容积不小于 5 L 的容量筒，其内径与内高均为 186 mm±2 mm，壁厚不应小于 3 mm。对于集料最大粒径大于 31.5 mm 的拌合物所采用容量筒，其内径与内高均应大于集料最大粒径的 4 倍。容量筒上沿及内壁应光滑平整，顶面与底面应平行并应与圆柱体的轴垂直。

图 4-7　试样筒

（2）电子天平：最大量程不小于 50 kg，感量不大于 10 g。

（3）捣棒：直径为 16 mm，长约 600 mm，并具有半球形端头的钢质圆棒。

（4）振动台：应符合现行《混凝土试验用振动台》(JG/T 245—2009)的规定。

（5）其他：金属直尺、抹刀、玻璃板等。

**4. 试验步骤**

（1）容量筒标定

① 应将干净容量筒与玻璃板一起称重，精确至 10 g。

② 将容量筒装满水，缓慢将玻璃板从筒口一侧推到另一侧，容量筒内应充满水，且不应存在气泡，擦干容量筒外壁，再次称重。

③ 两次称重结果之差除以该温度下水的密度，则为容量筒的容积 $V$，常温下水的密度可取 1 000 kg/m³。

（2）试验前将已明确体积的容量筒用湿布擦拭干净，称出质量 $m_1$，精确至 10 g。

（3）当坍落度不大于 90 mm 时，混凝土拌合物宜用振动台振实。振动台振实时，应一次性将混凝土拌合物装填至高出容量筒筒口，装料时可用捣棒稍加插捣，振动过程中混凝土低于筒口，应随时添加混凝土，振动直至拌合物表面出现水泥浆为止。

（4）当坍落度大于 90 mm 时，混凝土拌合物宜用捣棒插捣密实。插捣时，应根据容量筒的大小决定分层与插捣次数：用 5 L 容量筒时，混凝土拌合物应分两层装入,每层的插捣次数应为 25 次;用大于 5 L 的容量筒时,每层混凝土的高度不应大于 100 mm,每层插捣次数按每 10 000 mm² 截面不小于 12 次计算;用捣棒从边缘到中心沿螺旋形均匀插捣,捣棒应垂直压下,不得冲击,捣底层时应至筒底,插捣第二层时,捣棒应插透本层至下一层的表面;每一层捣完后用橡皮锤沿容量筒外壁敲击 5～10 次,进行振实,直至混凝土拌合物表面插捣孔消失并不见大泡为止。

（5）自密实混凝土应一次性填满,且不应进行振动和插捣。

（6）将筒口多余的混凝土拌合物刮去,表面有凹陷应填补,用抹刀抹平,并用玻璃板检验;应将容量筒外壁擦净,称出混凝土拌合物试样与容量筒总质量 $m_2$,精确至 10 g。

**5. 试验结果计算**

（1）水泥混凝土拌合物体积密度,按式（4-1）计算:

$$\rho_h = \frac{m_2 - m_1}{V} \times 1\,000 \tag{4-1}$$

式中:$\rho_h$—— 水泥混凝土拌合物体积密度（kg/m³）;

　　　$m_1$—— 容量筒质量（kg）;

　　　$m_2$—— 捣实或振实后混凝土和容量筒总质量（kg）;

　　　$V$—— 试样筒容积（L）。

计算结果精确至 10 kg/m³。

（2）以两次试验结果的算术平均值作为测定值,精确至 10 kg/m³,试样不得重复使用。

**6. 试验报告**

试验报告应包含以下内容:

（1）要求检测的项目名称、执行标准;

（2）原材料的品种、规格和产地以及混凝土配合比;

（3）试验日期及时间;

（4）仪器设备名称、型号及编号;

（5）环境温度及湿度;

（6）搅拌方式;

（7）水泥混凝土拌合物体积密度;

（8）要说明的其他内容。

表 4-2　混凝土坍落度及密度试验记录表

| 工程部位 | | 温度、湿度 | |
|---|---|---|---|
| 试样描述 | | 试验日期 | |

坍落度试验

| 坍落度(mm) | 三 级 评 定 | | 黏聚性 |
|---|---|---|---|
| | 棍度 | 保水性 | |
| 1 | | | |
| 2 | | | |
| 平　均 | | | |

表观密度试验

| 试验次数 | 1 | 2 | 3 |
|---|---|---|---|
| 容积筒质量(kg) | | | |
| 容积筒+混凝土总质量(kg) | | | |
| 混凝土质量(kg) | | | |
| 容积筒体积(L) | | | |
| 混凝土表观密度(kg/m³) | | | |
| 混凝土平均表观密度(kg/m³) | | | |
| 结论 | | | |

试验者：　　　　　　审核者：　　　　　　　　技术负责人：

# 4.2　水泥混凝土抗压强度试验

## 4.2.1　水泥混凝土试件制作

### 1. 试验依据

《公路工程水泥及水泥混凝土试验规程》(JTG 3420—2020)第 5 章硬化水泥混凝土性能试验第5.1节试件制作 T 0551—2020 水泥混凝土试件制作与硬化水泥混凝土现场取样方法。

### 2. 目的与适用范围

本方法规定了在常温环境中室内试验时水泥混凝土试件制作与硬化水泥混凝土现场取样方法。

本方法适用于普通水泥混凝土及喷射水泥混凝土硬化后试件的现场取样方法,但因其特殊性所引起的对试验设备及方法的特殊要求,均应按对这些水泥混凝土试件制作和取样的有关技术规定进行。

**3. 仪器设备**

(1)强制搅拌机:应符合现行《混凝土试验用搅拌机》(JG 244—2008)的规定。

(2)振动台:应符合《混凝土试验用振动台》(JG/T 245—2009)的规定。

(3)试模

① 非圆柱试模:应符合《混凝土试模》(JG 237—2008),内表面刨光磨光(粗糙度 $R_a$=3.2 $\mu$m),如图 4-8 所示。

图 4-8　混凝土抗压强度试模

内部尺寸允许偏差为 ±0.2%,相邻面夹角为 90°± 0.3°,试件边长的尺寸公差为 1 mm。

② 圆柱试模:直径误差小于 $\frac{1}{200}d$,高度误差应小于 $\frac{1}{100}h$($d$ 为直径,$h$ 为高度)。 试模底板的平面度公差不超过 0.02 mm。组装试模时,圆筒纵轴与底板应成直角,允许公差为 0.5。

③ 喷射混凝土试模,尺寸为 450 mm×450 mm×120 mm(长×宽×高),模具一侧边为敞开状。

为了防止接缝处出现渗漏,要使用合适的密封剂,如黄油,并采用紧固方法使底板固定在模具上。常用的几种试件尺寸(试件内部尺寸)规定如表 4-3 所示。所有试件承压面的平面度公差不超过 0.000 5 d($d$ 为边长)。

表 4-3　试件尺寸(单位:mm)

| 试件名称 | 标准尺寸 | 非标准尺寸 |
|---|---|---|
| 立方体抗压强度试件 | 150×150×150(31.5) | 100×100×100(26.5)<br>200×200×200(53) |
| 圆柱体抗压强度试件<br>(高径比 2:1) | $\phi$ 150 × 300(31.5) | $\phi$ 100 × 200(26.5)<br>$\phi$ 200 × 400(53) |
| 钻芯样抗压强度试件<br>(高径比 1:1) | $\phi$ 150 × 150(31.5) | $\phi$ 100 × 100(26.5)<br>$\phi$ 75 × 75(19) |
| 立方体劈裂抗拉强度试件 | 150 × 150 × 150(31.5) | 100 × 100 × 100(26.5) |

（续表4-3）

| 试件名称 | 标准尺寸 | 非标准尺寸 |
|---|---|---|
| 棱柱体轴心抗拉强度试件 | $150 \times 150 \times 300(31.5)$ | $200 \times 200 \times 400(53)$<br>$100 \times 100 \times 300(26.5)$ |
| 圆柱体劈裂抗拉强度试件 | $\phi 150 \times L_m(31.5)$ | $\phi 100 \times 200(26.5)$<br>$\phi 200 \times 400(53)$ |
| 钻芯样劈裂强度试件 | $\phi 150 \times L_m(31.5)$ | $\phi 100 \times L_m(26.5)$<br>$\phi 200 \times L_m(53)$ |
| 抗压弹性模量试件 | $150 \times 150 \times 300(31.5)$ | $100 \times 100 \times 300(26.5)$<br>$200 \times 200 \times 400(53)$ |
| 圆柱轴心抗压弹性模量试件<br>（高径比 2∶1） | $\phi 150 \times 300(31.5)$ | $\phi 100 \times 200(26.5)$<br>$\phi 200 \times 400(53)$ |
| 抗弯拉强度试件 | $150 \times 150 \times 550(31.5)$ | $100 \times 100 \times 400(26.5)$ |
| 抗弯拉弹性模量试件 | $150 \times 150 \times 550(31.5)$ | $100 \times 100 \times 400(26.5)$ |
| 水泥混凝土干缩试件 | $100 \times 100 \times 515(19)$ | $150 \times 150 \times 515(31.5)$<br>$200 \times 200 \times 515(50)$ |
| 抗渗试件 | 上口直径 175 mm，下口直径 185 mm，高 150 mm 的锥台 | 上下直径与高度均为 150 mm 的圆柱体 |
| 喷射混凝土试件 | $100 \times 100 \times 100$ 或 $\phi 100 \times 100$ | / |
| 混凝土动弹性模量试件 | $100 \times 100 \times 400(31.5)$ | $L/a = 3$、4、5 的其他尺寸，其中 $a$ 宽度不小于 100 mm，$L$ 为长度，单位 mm |
| 混凝土收缩试件（接触法） | $\phi 100 \times 400(31.5)$ | / |
| 混凝土收缩试件（非接触法） | $100 \times 100 \times 515(31.5)$ | $150 \times 150 \times 515(31.5)$<br>$200 \times 200 \times 515(50)$ |
| 混凝土限制膨胀率试件 | $100 \times 100 \times 400(31.5)$ | / |
| 混凝土抗冻试件（快冻法） | $100 \times 100 \times 400(31.5)$ | / |
| 混凝土耐磨试件 | $150 \times 150 \times 150(31.5)$ | $\phi 150 \times L_m$ 芯样试件 |
| 抗氯离子渗透试件 | $\phi 100 \times 50(26.5)$ | / |

注：括号中的数字为试件中集料最大粒径，单位 mm。标准试件的最短尺寸不宜小于粗集料最大粒径的 3 倍。

（4）捣棒：直径 16 mm、长约 600 mm 并具有半球形端头的钢质圆棒。

（5）压板：用于圆柱体试件的顶端处理，一般为厚 6 mm 以上的毛玻璃，压板直径应比试模直径大 25 mm 以上。

（6）橡皮锤：应带有质量约 250 g 的橡皮锤头。

（7）钻孔取样机：钻机一般用金刚石钻头，从结构表面垂直钻取，钻机应具有足够的刚度，保证钻取的芯样周面垂直且表面损伤最少。钻芯时，钻头应作无显著偏差的同心运动。

（8）游标卡尺：最大量程不小于 300 mm，分度值为 0.02 mm。

（9）锯：用于切割适于抗弯拉试验的试件。

**4. 非圆柱体试件成型**

（1）水泥混凝土的拌和参照第 4.1.1 节"水泥混凝土拌合物的拌和与现场取样方法"。成型前试模内壁涂一层矿物油。

（2）取拌合物的总量至少应比所需量高 20% 以上，并取出少量混凝土拌合物代表样，在 5 min 内进行坍落度或维勃试验，认为品质合格后，应在 15 min 内开始制作或做其他试验。

（3）对于坍落度小于 25 mm 时，可采用 $\phi$ 25 mm 插入式振捣棒成型。将混凝土拌合物一次装入试模，装料时应用抹刀沿各试模内壁插捣，并使混凝土拌合物高出试模口；振捣时振捣棒距底板 10～20 mm，且不要接触底板。振捣直至表面出浆为止，且应避免过振，以防止混凝土离析，一般振捣时间为 20 s。振捣棒拔出时要缓慢，拔出后不得留有孔洞。用刮刀刮去多余的混凝土，在临近初凝时用抹刀抹平。试件抹面与试模边缘高低差不得超过 0.5 mm。

（4）当坍落度大于 25 mm 且小于 90 mm 时，用标准振动台成型。将试模放在振动台上夹牢，防止试模跳动，将拌合物一次装满试模并稍有富余，开动振动台至混凝土表面出现乳状水泥浆时为止，振动过程中随时添加混凝土使试模常满，记录振动时间（约为维勃秒数的 2～3 倍，一般不超过 90 s）。振动结束后，用金属直尺沿试模边缘刮去多余混凝土，用抹刀将表面初次抹平，待试件收浆后，再次用抹刀将试件仔细抹平，试件抹面与试模边缘的高低差不得超过 0.5 mm。

（5）当坍落度大于 90 mm 时，用人工成型。将拌合物分厚度大致相等的两层装入试模。捣固时按螺旋方向从边缘到中心均匀地进行。插捣底层混凝土时，捣棒应到达模底；插捣上层时，捣棒应贯穿上层后插入下层 20～30 mm 处。插捣时应用力将捣棒压下，保持捣棒垂直，不得冲击，捣完一层后，用橡皮锤轻轻击打试模外端面 10~15 下,以填平插捣过程中留下的孔洞。每层插捣次数 100 cm² 截面积内不得少于 12 次。试件抹面与试模边缘高低差不得超过 0.5 mm。

(6) 当试样为自密实混凝土时,在新拌混凝土不离析的状态下,将自密实混凝土搅拌均匀后直接倒入试模内,不得使用振动台和插捣方式成型,但可以采用橡皮锤辅助振动。试样一次填满试模后,可用橡皮锤沿着试模中线位置轻轻敲击 6 次/侧面。用抹刀将试件仔细抹平,使表面略低于试模边缘 1~2 mm。

**5. 圆柱体试件制作**

(1) 水泥混凝土拌和参照第 4.1.1.节"水泥混凝土拌合物的拌和与现场取样方法"。成型前试模内壁涂一薄层矿物油。

(2) 取拌合物总量至少应比所需量高 20% 以上,并取少量混凝土拌合物代表样,在 5 min 内进行坍落度或维勃试验,认为品质合格后,应在 15 min 内开始制作试件或做其他试验。

(3) 对于坍落度小于 25 mm 时,可采用 $\phi$ 25 mm 的插入式振捣棒成型。将拌合物分厚度大致相等的两层装入试模。以试模的纵轴为对称轴,呈对称方式填料。插入密度以每层分三次插入。振捣底层时,振捣棒距底板 10~20 mm 且不要接触底板;振捣上层时,振捣棒插入该层底面下 15 mm 深。振捣直至表面出浆为止,且应避免过振,以防止混凝土离析,一般时间为 20 s。捣完一层后,如有棒坑留下,可用橡皮锤敲击试模侧面 10~15 下。振捣棒拔出时要缓慢。用刮刀刮去多余的混凝土,在临近初凝时用抹刀抹平,使表面略低于试模边缘 1~2 mm。

(4) 当坍落度大于 25 mm 且小于 90 mm 时,用标准振动台成型。将试模放在振动台上夹牢,防止试模跳动,将拌合物一次装满试模并稍有富余,开动振动台至混凝土表面出现乳状水泥浆时为止,振动过程中随时添加混凝土使试模常满,记录振动时间(约为维勃秒数的 2~3 倍,一般不超过 90 s)。振动结束后,用金属直尺沿试模边缘刮去多余混凝土,用抹刀将表面初次抹平,待试件收浆后,再次用抹刀将试件仔细抹平,使表面略低于试模边缘 1~2 mm。

(5) 当坍落度大于 90 mm 时,用人工成型。

对于试件直径 $\phi$ 200 mm 的试模,拌合物分厚度大致相等的三层装入试模。以试模的纵轴为对称轴,呈对称方式填料。每层插捣 25 下,捣固时按螺旋方向从边缘到中心均匀地进行。插捣底层时,捣棒应到达模底;插捣上层时,捣棒插入该层底面下 20~30 mm 处。插捣时应用力将捣棒压下,不得冲击。捣完一层后如有棒坑留下,可用橡皮锤敲击试模侧面 10～15 下。用镘刀将试件仔细抹平,使表面略低于试模边缘 1～2 mm。

而对于试件直径 $\phi$ 100 mm 或 $\phi$ 150 mm 的试模,分两层装料,各层厚度大致相等。试件直径为 150 mm 时,每层插捣 15 下;试件直径为 100 mm 时,每层插捣 8 下。捣固时按螺旋方向从边缘到中心均匀地进行。插捣底层时,捣棒应到达模底;插捣上层时,捣棒插入该层底面下 15 mm 深。用抹刀将试件仔细抹平,使表面略低于试模边缘 1～2 mm。

(6)对端面应进行整平处理,但加盖层的厚度应尽量薄。

拆模前当混凝土具有一定强度后,用水洗去上表面的浮浆,并用干抹布吸去表面水之后,抹上干硬性水泥净浆,用压板均匀地盖在试模顶部。加盖层应与试件的纵轴垂直。为防止压板与混凝土之间黏结,应在压板下垫一层薄纸。

对于硬化试件端面处理,可采用硬石膏或硬石膏和水泥的混合物,加水后平铺在端面,并用压板进行整平。在材料硬化之前,应用湿布覆盖试件。也可采用下面任一方法抹顶:

① 使用硫黄与矿质粉末的混合物(如耐火黏土粉、石粉等)在 180～210 ℃间加热(温度更高时将混合物烘成橡胶状,使强度变弱),摊铺在试件顶面,用试模钢板均匀按压,放置两小时以上即可进行强度试验。

② 用环氧树脂拌水泥,根据需要硬化时间加入乙二胺,将此浆膏在试件顶面大致摊平,在钢板面上垫一层薄塑料薄膜,再均匀地将浆膏压平。

③ 在有充分时间时,也可用水泥浆膏抹顶,使用矾土水泥的养护时间在 18 h 以上,使用硅酸盐水泥的养护时间在 3 d 以上。

对不采用端部整平处理的试件,可采用切割的方法达到端面与纵轴垂直。整平后的端面应与试件的纵轴相垂直,断面的平整度公差在 ±0.1 mm 以内。

**6. 养护**

(1)试件成型后,用湿布覆盖表面(或其他保持湿度办法),在室温 20 ℃±5 ℃、相对湿度大于 50% 的环境下静放一个到两个昼夜,然后拆模并作第一次外观检查、编号,对有缺陷的试件应除去,或加工抹平。

(2)将完好试件放入标准养护室进行养护,标准养护室温度 20 ℃±2 ℃,相对湿度在 95% 以上,试件宜放在铁架或木架上,间距至少 10～20 mm,试件表面应保持一层水膜,并避免用水直接冲淋,如图 4-9 所示。当无标准养护室时,将试件放入温度 20 ℃±2 ℃的饱和氢氧化钙溶液中养护。

（3）标准养护龄期为 28 d（以搅拌加水开始），非标准的龄期为 1 d、3 d、7 d、60 d、90 d、180 d。

图 4-9　混凝土标准养护室

**7. 硬化普通水泥混凝土现场试样的钻取或切割取样**

（1）芯样的钻取

① 钻取位置：在钻取前应考虑由于钻芯可能导致对结构产生不利影响，应尽可能避免在靠近混凝土构件的接缝或边缘处钻取，且不应带有钢筋。

② 芯样尺寸：芯样直径宜为混凝土所用集料最大粒径的 3 倍以上，不宜小于最大粒径的 2 倍，一般为 $\phi$ 150 mm±10 mm 或 $\phi$ 100 mm±10 mm，特殊部位可采用 $\phi$ 75 mm 直径芯样。

③ 标记：钻出后的每个芯样应立即清楚地编号，并记录芯样在混凝土结构中的位置。

（2）切割取样

对于现场取样的不规则混凝土试块，可按表 4-3 所列棱柱体尺寸进行切割，以满足不同试验的需求。

（3）检查与测量

① 外观检查：

每个芯样应详细描述有关裂缝、接缝、分层、麻面或离析等不均匀性，必要时应记录下列事项：

集料情况：估计集料的最大粒径、形状及种类，粗细集料的比例与级配。

密实性：检查并记录存在的气孔、气孔的位置、尺寸与分布情况，必要时应拍下照片。

② 测量：

平均直径：在芯样高度的中间及两个 1/4 处，每处垂直测量 2 次。6 个测值的算术平均值为 $d_m$，精确至 1.0 mm。

平均长度：芯样直径两端侧面测定钻取后芯样的长度及加工后的长度，其尺寸差应在 0.25 mm 之内,取平均值作为试件平均长度 $L_m$,精确至 1.0 mm。

平均长、高、宽:对于切割棱柱体,分别量取所有边长,精确至 1.0 mm。

**8. 硬化喷射水泥混凝土试件的现场取样方法**

(1) 喷射水泥混凝土抗压强度标准试块应采用从现场施工的喷射水泥混凝土板件上切割或钻芯法制取。

(2) 标准试块制作符合下列步骤:

① 在喷射作业面附近,将模具敞开一侧朝下,以 80°(与水平面的夹角)左右置于墙脚。

② 先在模具外的边墙上喷射,待操作正常后将喷头移至模具位置,由下而上逐层向模具内喷满水泥混凝土。

③ 将喷满水泥混凝土的模具移至安全地方,用三角抹刀刮平混凝土表面。

④ 在潮湿环境中养护 1 d 后脱模。将混凝土板件移至标养室,在标准养护条件下养护 7 d,用切割机去掉周边和上表面(底面不可切割)后加工成边长 100 mm 的立方体试块或钻芯成 $\phi$ 100 mm × 100 mm 的圆柱体试件,立方体试块的边长允许偏差应为 ±10 mm,直角允许偏差应为 ±2°。喷射水泥混凝土板件周边 120 mm 范围内的混凝土不得用作试件。

(3) 加工后的试块应继续在标准条件下养护至 28 d 龄期,进行抗压强度试验。

## 4.2.2 水泥混凝土立方体抗压强度试验方法

**1. 试验依据**

《公路工程水泥及水泥混凝土试验规程》(JTG 3420—2020)第 5 章硬化水泥混凝土性能试验第 5.2 节力学性能试验 T 0553—2005 水泥混凝土抗压强度试验方法。

**2. 目的及适用范围**

本方法规定了水泥混凝土抗压强度的试验方法。

本方法适用于各类水泥混凝土立方体试件的抗压强度试验,也适用于高径比 1∶1 的钻芯试件。

**3. 仪器设备**

(1) 压力机或万能试验机:压力机应符合现行《液压式万能试验机》(GB/T 3159—2008)及《试验机通用技术要求》(GB/T 2611—2007)的规定,其测量精度为 ±1%,试件破坏荷载应大于压力机全量程的 20% 且小于压力机全量程的

80％,同时应具有加荷速度指示装置或加荷速度控制装置。上、下压板平整并有足够的刚度,可以均匀地连续加荷、卸荷,可以保持固定荷载,开机、停机均灵活自如,能够满足试件破坏吨位要求。

(2)球座:钢质坚硬,面部平整度要求在 100 mm 距离内的高低差值不超过 0.05 mm,球面及球窝粗糙度 $R_a=0.32\ \mu m$,研磨、转动灵活。不应在大球座上做小试件破坏,球座最好放置在试件顶面(特别是棱柱体试件),并凸面朝上,当试件均匀受力后,不宜再敲动球座。

(3)混凝土强度等级大于或等于 C50 时,试件周围应设置防崩裂网罩。

**4. 试件制备和养护**

(1)试件制备和养护应符合 4.2.1 节规定。

(2)混凝土抗压强度试件尺寸应符合表 4-3 要求。

(3)集料最大粒径应符合表 4-3 规定。

(4)混凝土抗压强度试件应同龄期者为一组,每组为 3 个同条件制作和养护的混凝土试块。

**5. 试验步骤**

(1)养护至试验龄期时,自养护室取出试件,应尽快试验,避免其湿度变化。

(2)取出试件,检查其尺寸及形状,相对两面应平行。量出棱边长度,精确至 1 mm。试件受力截面积按其与压力机上、下接触面的平均值计算。在破型前,保持试件原有湿度,在试验时擦干试件。

(3)以成型时侧面为上、下受压面,试件中心应与压力机中心几何对中。

(4)强度等级小于 C30 的混凝土取 0.3～0.5 MPa/s 的加荷速度;强度等级大于 C30 小于 C60 时,则取 0.5～0.8 MPa/s 的加荷速度;强度等级大于 C60 的混凝土取 0.8～1.0 MPa/s 的加荷速度。当试件接近破坏而开始迅速变形时,应停止调整试验机油门,直至试件破坏,记录破坏极限荷载 $F(N)$,如图 4-10 所示。

图 4-10　混凝土抗压强度试验

**6. 试验结果**

(1)混凝土试件块抗压强度按式(4-2)计算:

$$f_{cu}=\frac{F}{A} \tag{4-2}$$

式中：$f_{cu}$——混凝土立方体抗压强度(MPa)；

　　　$F$——极限荷载(N)；

　　　$A$——受压面积($mm^2$)。

结果精确至 0.1 MPa。

（2）混凝土强度等级小于 C60 时,用非标准试件的抗压强度应乘以尺寸换算系数(表 4-4),并应在报告中注明。

**表 4-4　立方体抗压强度尺寸换算系数**

| | |
|---|---|
| 100 mm×100 mm×100 mm | 0.95 |
| 150 mm×150 mm×150 mm | 1.00 |
| 200 mm×200 mm×200 mm | 1.05 |

（3）当混凝土强度等级大于或等于 C60 时,宜采用 150 mm×150 mm×150 mm 标准试件,使用非标准试件时,换算系数由试验确定。

（4）以三个试件测量值的算术平均值为测定值,结果精确至 0.1 MPa。三个试件测量值的最大值或最小值中如有一个与中间值之差超过中间值的 15%,则取中间值为测定值;如最大值和最小值与中间值的差值均超过中间值的 15%,则该组试验结果无效。

### 7. 试验报告

试验报告应包含以下内容：

（1）要求检测的项目名称、执行标准；

（2）原材料的品种、规格和产地；

（3）仪器设备名称、型号及编号；

（4）环境温度及湿度；

（5）水泥混凝土立方体抗压强度值；

（6）要说明的其他内容。

**表 4-5　水泥混凝土试件抗压强度试验记录表**

| 委 托 单 位 | | 试 验 单 位 | |
|---|---|---|---|
| 委 托 单 编 号 | | 试 验 规 程 | |
| 工 程 部 位 | | 温 度、湿 度 | |
| 试 样 描 述 | | 试 验 日 期 | |

(续表 4-5)

| 成型日期 | 试验日期 | 龄期(d) | 试件编号 | 试件尺寸 | 水泥品种 | 配合比:C:S:G:W/C | | | | | 试验结果 | | 强度测定值(MPa) | 达到设计强度(%) |
| --- | --- | --- | --- | --- | --- | --- | --- | --- | --- | --- | --- | --- | --- | --- |
| | | | | | | 水泥(kg/m³) | 砂子(kg/m³) | 石子(kg/m³) | 水(kg/m³) | 外加剂(kg) | 破坏荷载(kN) | 抗压强度(MPa) | | |
| | | | | | | | | | | | | | | |
| | | | | | | | | | | | | | | |
| | | | | | | | | | | | | | | |

结论：

试验者：　　　　　　　审核者：　　　　　　　技术负责人：

## 4.3　水泥混凝土弯拉强度试验

**1. 试验依据**

《公路工程水泥及水泥混凝土试验规程》(JTG 3420—2020)第 5 章硬化水泥混凝土性能试验第 5.2 节力学性能试验 T 0558—2005 水泥混凝土弯拉强度试验方法。

**2. 目的与适用范围**

本方法规定了水泥混凝土弯拉强度的试验方法。

本方法适用于各类水泥混凝土棱柱体试件。

**3. 仪器设备**

(1) 压力机或万能试验机：应符合 4.2.2 节仪器设备的规定。

(2) 弯拉试验装置，即三分点处双点加荷和三点自由支承式混凝土弯拉强度与弯拉弹性模量试验装置，如图 4-11、图 4-12 所示。

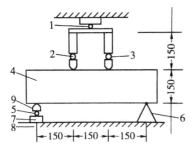

图 4-11　弯拉试验装置(尺寸单位：mm)

1、2—一个钢球；3、5—二个钢球；4—试件；6—固定支座；
7—活动支座；8—机台；9—活动船形垫块

图 4-12　抗弯拉试验夹具

#### 4. 试件制备和养护

（1）试件尺寸应符合表 4-3 的规定，同时在试件长向中部 1/3 区段内表面不得有直径超过 5 mm、深度超过 2 mm 的孔洞。

（2）混凝土弯拉强度试件应取同龄期者为 1 组，每组为 3 根相同条件制作和养护的试件。

#### 5. 试验步骤

（1）试件取出后，用湿毛巾覆盖并及时进行试验，保持试件干湿状态不变。在试件中部量出其宽度和高度，精确至 1 mm。

（2）调整两个可移动支座，将试件安放在支座上，试件成型时的侧面朝上，几何对中后，务必使支座及承压面与活动船形垫块的接触面平稳、均匀，否则应垫平。

（3）加载时，应保持均匀、连续。当混凝土的强度等级小于 C30 时，加荷速度为 0.02～0.05 MPa/s；当混凝土的强度等级大于等于 C30 且小于 C60 时加荷速度为 0.05～0.08 MPa/s；当混凝土的强度等级大于 C60 时，加荷速度为 0.08～0.10 MPa/s。当试件接近破坏而迅速变形时，不得调整试验机油门，直至试件破坏，记下破坏极限荷载 $F$(N)。

（4）记录最大荷载和试件下边缘断裂的位置。

#### 6. 试验结果

（1）当断面发生在两个加荷点之间时，弯拉强度按式(4-3)计算：

$$f_f = \frac{FL}{bh^2} \tag{4-3}$$

式中：$f_f$——弯拉强度(MPa)；

$F$ —— 极限荷载(N);

$L$ —— 支座间距离(mm);

$b$ —— 试件宽度(mm);

$h$ —— 试件高度(mm)。

抗弯拉强度计算精确至 0.01 MPa。

(2) 以 3 个试件测值的算术平均值为测定值。3 个试件中测量值的最大值或最小值中如有一个与中间值之差超过中间值的 15％,则把最大值和最小值舍去,以中间值作为试件的弯拉强度;如最大值和最小值与中间值之差均超过中间值的 15％,则该组试验结果无效。

3 个试件中如有一个断裂面位于加荷点之外,则混凝土的弯拉强度按另外两个试件的试验结果计算。如果这两个测值的差值不大于这两个测值中较小值的 15％,则以两个测值的平均值为测试结果,否则结果无效。

如果有两根试件均出现断裂面位于加荷点外侧,则该组结果无效。

需要注意的是,断裂位置在试件断块短边一侧的底面中轴线上量得。

(3) 采用 100 mm×100 mm×400 mm 非标准试件时,在三分点加荷的试验方法同前,但所取得的弯拉强度值应乘以尺寸换算系数 0.85。当混凝土强度等级大于等于 C60 时,应采用 150 mm×150 mm×550 mm 标准试件。

**7. 试验报告**

试验报告应包含以下内容:

(1) 要求检测的项目名称、执行标准;

(2) 原材料的品种、规格和产地;

(3) 试验日期及时间;

(4) 仪器设备名称、型号及编号;

(5) 环境温度及湿度;

(6) 水泥混凝土立方体抗弯拉强度值;

(7) 要说明的其他内容。

表 4-6 水泥混凝土抗弯拉强度试验记录表

| 委托单位 | | 试验单位 | |
|---|---|---|---|
| 委托单编号 | | 试验规程 | |
| 工程部位 | | 温度、湿度 | |
| 试样描述 | | 试验日期 | |

（续表 4-6）

| 试件编号 | 制件日期 | 试验日期 | 龄期(d) | 试件尺寸(mm) | 断裂面与邻近支点间距(mm) | 抗弯拉极限荷载(N) | 抗弯拉强度(MPa) | | 达设计强度的百分数(%) |
|---|---|---|---|---|---|---|---|---|---|
| | | | | | | | 单值 | 平均值 | |
| | | | | | | | | | |
| | | | | | | | | | |
| | | | | | | | | | |
| | | | | | | | | | |

结论：

试验者：　　　　　　审核者：　　　　　　技术负责人：

## 4.4　水泥混凝土弯拉弹性模量试验

**1. 试验依据**

《公路工程水泥及水泥混凝土试验规程》(JTG 3420—2020)第 5 章硬化水泥混凝土性能试验第 5.2 节力学性能试验 T 0559—2005 水泥混凝土弯拉弹性模量试验方法。

**2. 目的与适用范围**

本方法规定了测定水泥混凝土弯拉弹性模量的方法与步骤。弯拉弹性模量是以 1/2 极限弯拉强度时的加荷模量为准,为水泥混凝土路面设计提供参数。

本方法适用于各类水泥混凝土棱柱体小梁试件。

**3. 仪器设备**

（1）压力机、弯拉试验装置:应符合 4.3 节仪器设备中的规定。

（2）千分表:应符合现行《指示表(指针式、数显式)》(JJG 34—2008)的规定,分度值为 0.001 mm。

（3）千分表架:1 个。如图 4-13 所示,要求为金属刚性框架,正中为千分表插座,两端有 3 个圆

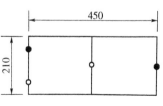

图 4-13　千分表架
（尺寸单位：mm）

头长螺杆,可以调整高度。

（4）毛玻璃片（每片约 1 cm²）、502 胶水、平口刮刀、丁字尺、直尺、钢卷尺和铅笔等。

**4. 试件制备**

（1）试件尺寸应符合表 4-3 的规定,同时在试件长向中部 1/3 区段内表面不得有直径超过 φ 5 mm、深度超过 φ 2 mm 的孔洞。

（2）每组 6 根同龄期同条件制作的试件,3 根用于测定弯拉强度,3 根用作弯拉弹性模量试件。

**5. 试验步骤**

（1）至试件龄期时,自养护室取出试件,用湿布覆盖,避免其湿度变化。清除试件表面污垢,修平与装置接触的试件部分（对弯拉强度试件即可进行试验）。在试件上下面（即成型时两侧面）划出中线和装置位置线,在千分表架共 4 个脚点处用干毛巾擦干水分,再用 502 胶水粘牢小玻璃片,量出试件中部的宽度和高度,精确至 1 mm。

（2）将试件安放在支座上,按成型时的侧面朝上,千分表架放在试件上,压头及支座线垂直于试件中线且无偏心加载情况,而后缓缓地加上约 1 kN 压力,停机检查支座等各接缝处有无空隙（必要时需加金属薄垫片）,应确保试件不扭动,而后安装千分表,其接触点及表架触点稳立在小玻璃片上,如图 4-14 所示。

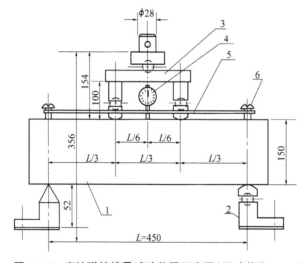

**图 4-14　弯拉弹性模量试验装置示意图（尺寸单位：mm）**

1—试件；2—可移动支座；3—加荷支座；
4—千分表；5—千分表架；6—螺杆

（3）取弯拉极限荷载平均值的 1/2 为弯拉弹性模量试验的荷载标准（即 $F_{0.5}$），进行 5 次加卸荷载循环，由 1 kN 起，以 0.15～0.25 kN/s 的速度加荷，至 3 kN 刻度处停机（设为 $F_0$），保持 30 s（在此段加荷时间中，千分表指针应能起动，否则应提高 $F_0$ 至 4 kN 等），记下千分表读数 $\Delta_0$，而后继续加荷至 $F_{0.5}$，保持 30 s，记下千分表读数 $\Delta_{0.5}$；再以同样速度卸荷至 1 kN，保持 30 s，为第一次循环，如图 4-15 所示。

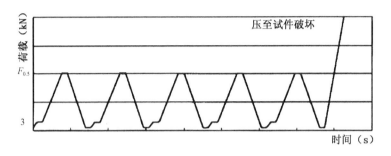

**图 4-15 弯拉弹性模量试验加荷示意图**

（4）同第一次循环，共进行五次循环，以第五次循环的挠度值为准。如第五次与第四次循环挠度值相差大于 0.5 $\mu$m 时，必须进行第六次循环，直到两次相邻循环挠度值之差符合上述要求为止，以最后一次挠度值为准。

（5）当最后一次循环完毕，检查各读数无误后立即去掉千分表，继续加荷直至试件折断，记下循环后弯拉强度 $f'_t$，观察断裂面形状和位置。如断裂面在三分点外侧，则此根试件结果无效；如有两根试件结果无效，则该组试验无效。

**6. 试验结果**

（1）混凝土弯拉弹性模量 $E_f$ 按简支梁在三分点各加荷载 $F_{0.5}/2$ 的跨中挠度公式反算求得：

$$E_f = \frac{23L^3(F_{0.5}-F_0)}{1\,296J\,|\Delta_{0.5}-\Delta_0|} \tag{4-4}$$

式中：$E_f$——混凝土弯拉弹性模量（MPa）；

$\quad\quad F_{0.5}$、$F_0$——终荷载及初荷载（N）；

$\quad\quad \Delta_{0.5}$、$\Delta_0$——对应 $F_{0.5}$、$F_0$ 的千分表读数（mm）；

$\quad\quad L$——试件支座间距离（$L=450$ mm）；

$J$ ——试件断面转动惯量，$J = \frac{1}{12}bh^3$（$mm^4$）。

（2）以 3 个试件测值的算术平均值为测定值。3 个试件的最大值或最小值中如有一个与中间值之差超过中间值的 15%，则把最大值和最小值舍去，以中间值作为试件的弯拉弹性模量。如有两个测值与中间值的差值均超过中间值的 15%，则该组试验结果无效。

3 个试件中如有一个断裂面位于加荷点外侧，则混凝土弯拉弹性模量按另外两个试件的试验结果计算。如果这两个测值不大于两个测值中较小值的 15%，则以两个测值的平均值为测试结果，否则结果无效。

需要注意的是，断面位置在试件断块短边一侧的底面中轴线上量得。

计算结果精确至 100 MPa。

### 7. 试验报告

试验报告应包含以下内容：

（1）要求检测的项目名称、执行标准；

（2）原材料的品种、规格和产地；

（3）试验日期及时间；

（4）仪器设备名称、型号及编号；

（5）环境温度及湿度；

（6）水泥混凝土弯拉弹性模量；

（7）断裂位置；

（8）要说明的其他内容。

#### 表 4-7 混凝土抗弯拉弹性模量试验记录表

| 委托单位 | | 试验单位 | |
|---|---|---|---|
| 委托单编号 | | 试验规程 | |
| 工程部位 | | 温度、湿度 | |
| 试样描述 | | 试验日期 | |
| 施工单位 | | 结构物名称 | |
| 设计标号 | | 取样地点 | |
| 龄期 | | 初荷载 $F_0$ | |
| 终荷载 $F_{0.5}$ | | 循环后抗弯拉极限荷载 | |

（续表 4-7）

| 试件编号 | 1 | | | 2 | | | 3 | | | 备注 |
|---|---|---|---|---|---|---|---|---|---|---|
| $F_{0-0.5}$ | $F_0$ | $F_{0.5}$ | 挠度 | $F_0$ | $F_{0.5}$ | 挠度 | $F_0$ | $F_{0.5}$ | 挠度 | |
| 千分表读数<br>或跨中挠度<br>(0.001 mm) | | | | | | | | | | |
| | | | | | | | | | | |
| | | | | | | | | | | |
| | | | | | | | | | | |
| | | | | | | | | | | |
| | | | | | | | | | | |
| | | | | | | | | | | |
| $E_f$(MPa) | | | | | | | | | | |
| $E_f$平均(MPa) | | | | | | | | | | |

结论：

试验者：　　　　　　审核者：　　　　　　技术负责人：

# 4.5 水泥混凝土棱柱体轴心抗压强度和抗压弹性模量试验

### 4.5.1 水泥混凝土棱柱体轴心抗压强度试验

**1. 试验依据**

《公路工程水泥及水泥混凝土试验规程》（JTG 3420—2020）第 5 章硬化水泥混凝土性能试验第 5.2 节力学性能试验 T 0555—2005 水泥混凝土棱柱体轴心抗压强度试验方法。

**2. 目的与适用范围**

本方法规定了测定棱柱体水泥混凝土轴心抗压强度的方法，为设计提供参数。

本方法适用于各类水泥混凝土的棱柱体试件。

**3. 仪器设备**

（1）压力机或万能试验机：应符合 4.2.2 节规定。

（2）球座：应符合 4.2.2 节规定。

（3）混凝土强度等级大于等于 C50 时，试验机上、下压板之间应垫一钢垫板，平面尺寸应不小于试件的承压面，其厚度至少为 25 mm。钢垫板应机械加工，其平面度允许偏差±0.04 mm，表面硬度大于等于 55HRC，硬化层厚度约为 5 mm。试件周围应设置防崩裂网罩。

（4）钢尺：分度值为 1 mm。

**4. 试件制备和养护**

（1）试件制备和养护应符合 4.2.1 节规定。

（2）混凝土轴心抗压强度试件尺寸应符合表 4-3 的规定。

（3）集料公称最大粒径符合表 4-3 的规定。

（4）混凝土轴心抗压强度试件以同龄期者为一组，每组为 3 根相同条件制作和养护的混凝土试件。

**5. 试验步骤**

（1）至试验龄期时，自养护室取出试件，用湿布覆盖，避免其湿度变化。在试验时擦干试件，测量其高度和宽度，精确至 1 mm。

（2）在压力机下压板上放好试件，几何对中。

（3）混凝土的强度等级小于 C30 的取 0.3～0.5 MPa/s 加荷速度；混凝土强度等级大于或等于 C30 且小于 C60 时，则取 0.5～0.8 MPa/s 加荷速度；混凝土强度等级大于或等于 C60 时取 0.8～1.0 MPa/s 加荷速度。当试件接近破坏而迅速变形时，应停止调整试验机油门直至试件破坏，记下破坏极限荷载 $F$（N）。

**6. 试验结果**

（1）混凝土棱柱体轴心抗压强度按式（4-51）计算：

$$f_{cp} = \frac{F}{A} \qquad (4-5)$$

式中：$f_{cp}$——混凝土棱柱体轴心抗压强度（MPa）；

$\quad\ \ F$——极限荷载（N）；

$\quad\ \ A$——受压面积（mm²）。

计算精确至 0.1 MPa。

（2）以 3 个试件测值的算术平均值为测定值。3 个试件中的最大值或最小值中如有一个与中间值之差超过中间值的 15%，则取中间值为测定值；如最大值和最小值与中间值之差均超过中间值的 15%，则该组试验结果无效。

（3）采用非标准尺寸试件测得的轴心抗压强度，应乘以尺寸换算系数，对于200 mm×200 mm 截面试件的尺寸换算系数为 1.05；对 100 mm×100 mm 截面试件的尺寸换算系数为 0.95。当混凝土强度等级大于等于 C60 时，宜用 150 mm×150 mm 截面的标准试件。

**7. 试验报告**

试验报告应包含以下内容：

（1）要求检测的项目名称、执行标准；

（2）原材料的品种、规格和产地；

（3）试验日期及时间；

（4）仪器设备名称、型号及编号；

（5）环境温度及湿度；

（6）水泥混凝土轴心抗压强度；

（7）要说明的其他内容。

## 4.5.2　水泥混凝土棱柱体抗压弹性模量试验

**1. 试验依据**

《公路工程水泥及水泥混凝土试验规程》(JJG 3420—2020)第 5 章硬化水泥混凝土性能试验第 5.2 节力学性能试验 T 0556—2005 水泥混凝土棱柱体抗压弹性模量试验方法。

**2. 目的与适用范围**

本方法规定了测定水泥混凝土在静力作用下的抗压弹性模量的方法，水泥混凝土的抗压弹性模量取 1/3 轴心抗压强度对应的弹性模量，为设计提供参数。

本方法适用于各类水泥混凝土的直角棱柱体试件。

**3. 仪器设备**

（1）压力机或万能试验机：应符合 4.2.2 节规定。

（2）球座：应符合 4.2.2 节规定。

（3）微变形测量仪：应满足现行《指示表(指针式、数显式)》(JJG 34—2008)的规定，分度值为 0.001 mm。

（4）微变形测量仪固定架两对，标距为 150 mm，如图 4-16、图 4-17 所示。

（5）其他：钢尺（量程 600 mm，分度值 1 mm）、502 胶水、铅笔和秒表等。

**4. 试件制备**

（1）试件尺寸与棱柱体轴心抗压强度试件尺寸相同，符合表 4-3 的规定。

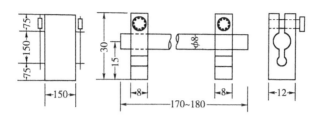

图 4-16 千分表座示意图(一对)(尺寸单位: mm)

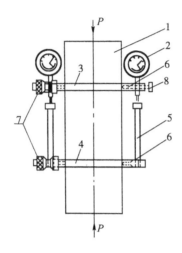

图 4-17 框式千分表座示意图(一对)

1—试件；2—量表；3—上金属环；4—下金属环；
5—接触杆；6—刀口；7—金属环；8—千分表固定螺丝

(2) 每组为同龄期同条件制作和养护试件 6 根,其中 3 根用于测定轴心抗压强度,提出弹性模量试验的加荷标准,另 3 根则做弹性模量试验。

**5. 试验步骤**

(1) 试件取出后,用湿毛巾覆盖并及时进行试验,保持试件干湿状态不变。

(2) 擦净试件,量出尺寸并检查外形,尺寸量测精确至 1 mm,试件不得有明显缺损,端面不平时应预先抹平。

(3) 取 3 根试件按前述规定进行轴心抗压强度试验,计算棱柱体轴心抗压强度 $f_{cp}$。

(4) 取另 3 根试件做抗压弹性模量试验,微变形量测仪安装在试件两侧的中线上并对称于试件两侧。

(5) 将试件移于压力机球座上,几何对中。加荷方法如图 4-18 所示。

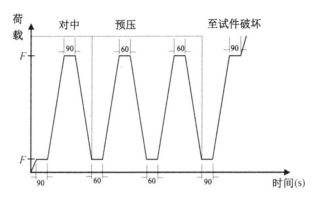

**图 4-18 弹性模量加荷方法示意图**

(1) 90 s 包括 60 s 持荷时间，30 s 读数时间；(2) 60 s 为持荷时间

(6) 开动压力机，当上压板与试件接近时，调整球座，使接触均衡。加荷至基准应力为 0.5 MPa 对应的初始荷载值 $F_0$，保持恒载 60 s 并在以后的 30 s 内记录两侧变形量测仪的读数 $\varepsilon_0^{左}$、$\varepsilon_0^{右}$。应立即以 0.6 MPa/s±0.4 MPa/s 的加荷速率连续均匀加荷至 1/3 轴心抗压强度 $f_{cp}$ 对应的荷载 $F_a$，保持恒载 60 s 并在以后的 30 s 内记录两侧变形量测仪的读数 $\varepsilon_a^{左}$、$\varepsilon_a^{右}$。

(7) 以上读数应和它们的平均值相差在 20% 以内，否则应重新对中试件后重复步骤(6)。如果无法使差值降低到 20% 以内，则此次试验无效。

(8) 预压。确认步骤(7)后，以相同的速度卸荷至基准应力 0.5 MPa 对应的初始荷载值 $F_0$ 并持荷 60 s。以相同的速度加荷至荷载值 $F_a$，再保持 60 s 恒载，最后以相同的速度卸荷至初始荷载值 $F_0$，至少进行两次预压循环。

(9) 测试。在完成最后一次预压后，保持 60 s 初始荷载值 $F_0$，在后续的 30 s 内记录两侧变形量测仪的读数 $\varepsilon_0^{左}$、$\varepsilon_0^{右}$，再用同样的加荷速度加荷至荷载值 $F_a$，再保持 60 s 恒载，并在后续的 30 s 内记录两侧变形量测仪的读数 $\varepsilon_a^{左}$、$\varepsilon_a^{右}$。

(10) 卸除变形量测仪，以同样的速度加荷至破坏，记下破坏极限荷载 $F$(N)。如果试件的轴心抗压强度与 $f_{cp}$ 之差超过 $f_{cp}$ 的 20%，应在报告中注明。

**6. 试验结果**

(1) 混凝土抗压弹性模量 $E_c$ 按式(4-6)计算。

$$E_c = \frac{F_a - F_0}{A} \times \frac{L}{\Delta n} \tag{4-6}$$

式中：$E_c$——混凝土抗压弹性模量(MPa)；

$F_a$——终荷载$(N)$$\left(\dfrac{1}{3}f_{cp}$ 时对应的荷载值$\right)$；

$F_0$——初荷载$(N)$$(0.5\ MPa$ 时对应的荷载值$)$；

$L$——测量标距$(mm)$；

$A$——试件承压面积$(mm^2)$；

$\Delta n$——最后一次加荷时，试件两侧在 $F_a$ 及 $F_0$ 作用下的变形差平均值$(mm)$：$\Delta n=(\varepsilon_a^{左}+\varepsilon_a^{右})/2-(\varepsilon_0^{左}+\varepsilon_0^{右})/2$；

$\varepsilon_a$——$F_a$ 时标距间试件变形$(mm)$；

$\varepsilon_0$——$F_0$ 时标距间试件变形$(mm)$。

结果计算精确至 100 MPa。

（2）以 3 根试件试验结果的算术平均值为测定值。如果其循环后的任一根与循环前轴心抗压强度与之差超过后者的 20%，则弹性模量值按另两根试件试验结果的算术平均值计算；如有两根试件试验结果超出上述规定，则试验结果无效。

### 7. 试验报告

试验报告应包含以下内容：

（1）要求检测的项目名称、执行标准；

（2）原材料的品种、规格和产地；

（3）试验日期及时间；

（4）仪器设备名称、型号及编号；

（5）环境温度及湿度；

（6）水泥混凝土抗压弹性模量；

（7）要说明的其他内容。

表 4-8 水泥混凝土轴心抗压弹性模量试验记录

| 委托单位 | | 试验单位 | |
|---|---|---|---|
| 委托单编号 | | 试验规程 | |
| 工程部位 | | 温度、湿度 | |
| 试样描述 | | 试验日期 | |
| 施工单位 | | 结构物名称 | |
| 设计强度等级 | | 取样地点 | |
| 轴心抗压荷载平均值 $F$ | | 龄期 | |
| 初荷载 $F_0$ | | 终荷载 $F_a$ | |

（续表 4-8）

| 试件编号 | | 1 | | | 2 | | | 3 | | | | |
|---|---|---|---|---|---|---|---|---|---|---|---|---|
| 荷载 | | $F_0$ | | $F_a$ | | $F_0$ | | $F_a$ | | $F_0$ | | $F_a$ |
| 变形仪 | | 左 | 右 | 左 | 右 | 左 | 右 | 左 | 右 | 左 | 右 | 左 | 右 |
| 形变值<br>(0.001 mm) | 读数 | | | | | | | | | | | | |
| | 平均值 | | | | | | | | | | | | |
| | $\Delta 4 = \Delta a - \Delta 0$ | | | | | | | | | | | | |
| | 读数 | | | | | | | | | | | | |
| | 平均值 | | | | | | | | | | | | |
| | $\Delta 5 = \Delta a - \Delta 0$ | | | | | | | | | | | | |
| | 读数 | | | | | | | | | | | | |
| | 平均值 | | | | | | | | | | | | |
| | $\Delta 6 = \Delta a - \Delta 0$ | | | | | | | | | | | | |
| | 读数 | | | | | | | | | | | | |
| | 平均值 | | | | | | | | | | | | |
| | $\Delta n = \Delta a - \Delta 0$ | | | | | | | | | | | | |
| 循环后轴心抗压强度（MPa） | | | | | | | | | | | | | |
| $E_c$（MPa） | | | | | | | | | | | | | |

结论：

试验者： 审核者： 技术负责人：

## 4.6 复习思考题

1. 水泥混凝土人工拌和的要点是什么？

2. 水泥混凝土拌合物工作性评价包括哪些内容？

3. 从开始装料到提出坍落度筒整个过程应在多长时间内？

4. 稠度（坍落度试验）试验结果测量及数据修约的方法是什么？

5. 水泥混凝土标准养护的条件是什么？

6. 试件非标，尺寸为 100 mm×100 mm×100 mm 或 200 mm×200 mm×

200 mm 时,强度换算系数是多少?

7. 详述水泥混凝土棱柱体抗压强度试验结果的评定方法。

8. 分别说明当混凝土强度等级小于 C30、在 C30 和 C60 之间、大于 C60 时试验机的加荷速度是多少?

9. 三个试件中如有一个断裂面位于加荷点外侧,而其余两个测值差值不大于这两个测值中较小值的 15%,则测值如何计算?如差值大于两个测值中较小值的 15%,则测值如何计算?

10. 抗压弹性模量的加荷标准是如何确定的?

# 第五章　沥青材料试验

## 试验内容及学习要求

本章选编了：①黏稠石油沥青针入度、延度、软化点试验；②液体沥青标准黏度试验。

要求学生通过试验掌握的知识点：①沥青三大指标（针入度、延度、软化点）的测试方法并通过试验结果确定沥青的牌号；②掌握液体沥青标准黏度试验方法并通过试验结果确定其牌号。

## 5.1　沥青针入度、延度、软化点试验

### 5.1.1　沥青针入度试验

**1. 试验依据**

《公路工程沥青及沥青混合料试验规程》（JTG E20—2011）第 3 章沥青试验 T 0602—2011 沥青试样准备方法、T 0604—2011 沥青针入度试验。

**2. 目的与适用范围**

本方法适用于测定道路石油沥青、煤沥青、聚合物改性沥青针入度以及液体石油沥青蒸馏或乳化沥青蒸发后残留物的针入度，以 0.1 mm 计。其标准试验条件为温度 25℃，荷重 100 g，贯入时间 5 s。

针入度指数 $PI$ 用以描述沥青的温度敏感性，宜在 15 ℃、25 ℃、30 ℃等 3 个或 3 个以上温度条件下测定针入度后按规定的方法计算得到，若 30 ℃时的针入度值过大，可采用 5 ℃代替。当量软化点 $T_{800}$ 相当于沥青针入度为 800 时的温度，用以评价沥青的高温稳定性。当量脆点 $T_{1.2}$ 相当于针入度为 1.2 时的温度，用以评价沥青的低温抗裂性能。

**3. 仪器设备**

（1）针入度仪：为提高测试精度，针入度试验宜采用能够自动计时的针入度

仪进行测定,要求针和针连杆在无明显摩擦下垂直运动,针的贯入深度必须准确至0.1 mm。针和针连杆组合件总质量为50 g±0.05 g,另附 50 g±0.05 g 砝码一只,试验时总质量为 100 g±0.05 g。仪器应有放置平底玻璃保温皿的平台,并有调节水平的装置,针连杆应与平台相垂直。应有针连杆制动按钮,使针连杆可自由下落。针连杆易于拆装,以便检查其质量。仪器还设有可自由转动与调节距离的悬臂,其端部有一面小镜或聚光灯泡,借以观察针尖与试样表面的接触情况。且应对装置的准确性经常进行校验。当采用其他试验条件时,应在试验结果中注明。针入度仪如图 5-1 所示。

（2）标准针:由硬化回火的不锈钢制成,洛氏硬度HRC54～60,表面粗糙度 $R_a$ 0.2～0.3 $\mu$m,针及针杆总质量 2.5 g±0.05 g,针杆上应打印有号码标志,针应设

**图 5-1　针入度仪**

有固定装置盒(筒),以免碰撞针尖。每根针必须附有计量部门的检验单,并定期进行检验,其尺寸及形状如图 5-2 所示。

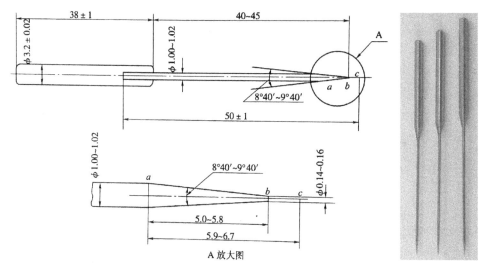

**图 5-2　针入度标准针(尺寸单位:mm)**

（3）盛样皿:金属制,圆柱形平底。小盛样皿的内径 55 mm,深 35 mm(适用于针入度小于 200 的试样);大盛样皿内径 70 mm,深 45 mm(适用于针入度 200～

350 的试样);对针入度大于 350 的试样需使用特殊盛样皿,其深度不小于60 mm,试样体积不小于 125 mL。

(4) 恒温水槽:容量不小于 10 L,控温的准确度为 0.1 ℃。水槽中应设有一带孔的搁架,位于水面下不得小于 100 mm,距水槽底不得小于 50 mm 处。

(5) 平底玻璃皿:容量不小于 1 L,深度不小于 80 mm。内设有一不锈钢三脚支架,能使盛样皿稳定。

(6) 温度计或温度传感器:精度为 0.1 ℃。

(7) 计时器:精度 0.1 s。

(8) 盛样皿盖:平板玻璃,直径不小于盛样皿开口尺寸。

(9) 溶剂:三氯乙烯等。

(10) 其他:电炉或砂浴、石棉网、金属锅或瓷把坩埚等。

**4. 方法与步骤**

(1) 准备工作

① 按《公路工程沥青及沥青混合料试验规程》T0602 的方法准备试样。

② 按试验要求将恒温水槽调节到要求的试验温度 25 ℃,或 15 ℃、30 ℃ (5 ℃),保持稳定。

③ 将试样注入盛样皿中,试样高度应超过预计针入度值 10 mm,并盖上盛样皿,以防落入灰尘。盛有试样的盛样皿在 15～30 ℃室温中冷却 1.5 h(小盛样皿)、2 h(大盛样皿)或 3 h(特殊盛样皿)后移入保持规定试验温度±0.1 ℃的恒温水槽中,并应保温不少于 1.5 h(小盛样皿)、2 h(大试样皿)或 2.5 h(特殊盛样皿)。

④ 调整针入度仪使之水平。检查针连杆和导轨,以确认无水和其他外来物,无明显摩擦。用三氯乙烯或其他溶剂清洗标准针并擦干。将标准针插入针连杆,用螺丝固紧。按试验条件加上附加砝码。

(2) 试验步骤

① 取出达到恒温的盛样皿,并移入水温控制在试验温度±0.1 ℃(可用恒温水槽中的水)的平底玻璃器皿中的三脚支架上,试样表面以上的水层深度不小于 10 mm。

② 将盛有试样的平底玻璃皿置于针入度仪的平台上。慢慢放下针连杆,用适当位置的反光镜或灯光反射观察,使针尖恰好与试样表面接触,将位移计或刻度盘指针复位为零。

③ 开始试验,按下释放键,这时计时与标准针落下贯入试样同时开始,至 5 s

时自动停止。

④ 读取位移计或刻盘指针的读数,准确至 0.1 mm。

⑤ 同一试样平行试验至少 3 次,各测试点之间及与盛样皿边缘的距离不应少于 10 mm。每次试验后应将盛有盛样皿的平底玻璃皿放入恒温水槽,使平底玻璃皿中的水温保持试验温度。每次试验应换一根干净标准针或将标准针取下用蘸有三氯乙烯溶剂的棉花或布揩净,再用干棉花或布擦干。

⑥ 测定针入度大于 200 的沥青试样时,至少用 3 支标准针,每次试验后将针留在试样中,直至 3 次平行试验完成后才能将标准针取出。

⑦ 测定针入度指数 $PI$ 时,按同样的方法在 15 ℃、25 ℃、30 ℃(或 5 ℃)3 个或 3 个以上(必要时增加 10 ℃、20 ℃等)温度条件下分别测定沥青的针入度,但用于仲裁试验的温度条件应为 5 个。

**5. 计算**

(1) 公式计算法

① 将 3 个或 3 个以上不同温度条件下测试的针入度值取对数,令 $y = \lg P$,$x = T$,按式(5-1)的针入度对数与温度的直线关系,进行 $y = a + bx$ 一元一次方程的直线回归,求取针入度温度指数 $A_{\lg Pen}$。

$$\lg P = K + A_{\lg Pen} \times T \tag{5-1}$$

式中:$\lg P$—— 不同温度条件下测得的针入度值的对数;

$\qquad T$—— 试验温度(℃);

$\qquad K$—— 回归方程的常数项 $a$;

$\qquad A_{\lg pen}$—— 回归方程系数 $b$。

按式(5-1)回归时必须进行相关性检验,直线回归相关系数 $R$ 不得小于 0.997(置信度 95%),否则,试验无效。

② 按式(5-2)确定沥青的针入度指数,并计为 $PI$。

$$PI = \frac{20 - 500 A_{\lg Pen}}{1 + 50 A_{\lg Pen}} \tag{5-2}$$

③ 按式(5-3)确定沥青的当量软化点 $T_{800}$。

$$T_{800} = \frac{\lg 800 - K}{A_{\lg Pen}} = \frac{2.903\,1 - K}{A_{\lg Pen}} \tag{5-3}$$

④ 按式(5-4)确定沥青的当量脆点 $T_{1.2}$。

$$T_{1.2} = \frac{\lg 1.2 - K}{A_{\lg \text{Pen}}} = \frac{0.079\,2 - K}{A_{\lg \text{Pen}}} \tag{5-4}$$

⑤ 按式(5-5)计算沥青的塑性温度范围 $\Delta T$。

$$\Delta T = T_{800} - T_{1.2} = \frac{2.823\,9}{A_{\lg \text{Pen}}} \tag{5-5}$$

（2）诺模图法

将 3 个或 3 个以上不同温度条件下测试的针入度值绘于图 5-3 的针入度温度关系诺模图中,按最小二乘法法则绘制回归直线,将直线向两端延长,分别与针入度为 800 及 1.2 的水平线相交,交点的温度即为当量软化点 $T_{800}$ 和当量脆点 $T_{1.2}$。 以图中 $O$ 点为原点,绘制回归直线的平行线,与 $PI$ 线相交,读取交点处的 $PI$ 值即为该沥青的针入度指数。

此法不能检验针入度对数与温度直线回归的相关系数,仅供快速草算时使用。

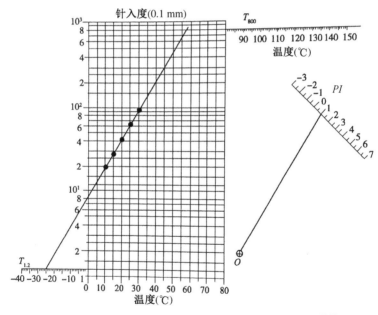

图 5-3　确定道路沥青 $PI$、$T_{800}$、$T_{1.2}$ 的针入度温度关系诺模图

## 6. 试验报告

（1）应报告标准温度(25 ℃)时的针入度以及其他试验温度 $T$ 所对应的针入度,及由此求取针入度指数 $PI$、当量软化点 $T_{800}$、当量脆点 $T_{1.2}$ 的方法和结果,当

采用公式计算法时,应报告按式(5-1)回归的直线相关系数 $R$。

（2）同一试样 3 次平行试验结果的最大值和最小值之差在下列允许偏差范围内时,计算 3 次试验结果的平均值,取整数作为针入度试验结果,以 0.1 mm 计。

表 5-1　针入度允许偏差

| 针入度(0.1 mm) | 允许差值(0.1 mm) |
| --- | --- |
| 0～49 | 2 |
| 50～149 | 4 |
| 150～249 | 12 |
| 250～500 | 20 |

当试验值不符合此要求时,应重新进行。

### 7. 允许误差

（1）当试验结果小于 50(0.1 mm)时重复性试验的允许误差为 2(0.1 mm),再现性试验的允许误差为 4(0.1 mm)。

（2）当试验结果大于或等于 50(0.1 mm)时,重复性试验的允许误差为平均值的 4%,再现性试验的允许误差为平均值的 8%。

## 5.1.2　沥青延度试验

### 1. 试验依据

《公路工程沥青及沥青混合料试验规程》(JTG E20—2011)第 3 章沥青试验 T 0602—2011 沥青试样准备方法、T 0605—2011 沥青延度试验。

### 2. 目的与适用范围

（1）本方法适用于测定道路石油沥青、聚合物改性沥青、液体沥青蒸馏残留物和乳化沥青蒸发残留物等材料的延度。

（2）沥青延度的试验温度与拉伸速率可根据要求采用,通常采用的试验温度为 25 ℃、15 ℃、10 ℃或 5 ℃,拉伸速度为 5 cm/min±0.25 cm/min。当低温采用 1 cm/min±0.05 cm/min 拉伸速度时,应在报告中注明。

### 3. 仪器设备

（1）延度仪：延度仪的测量长度不宜大于 150 cm,仪器应有自动控温、控速系统。应满足试件浸没于水中,能保持规定的试验温度及按照规定的拉伸速度拉伸试件,且试验时应无明显振动。其形状及组成如图 5-4 所示。

（2）试模：黄铜制，由两个端模和两个侧模组成，其形状及尺寸如图 5-5 所示。试模内侧表面粗糙度 $R_a 0.2\ \mu m$，当装配完好后可浇铸成表 5-2 尺寸的试样。

（3）试模底板：玻璃板或磨光的铜板、不锈钢板（表面粗糙度 $R_a 0.2\ \mu m$）。

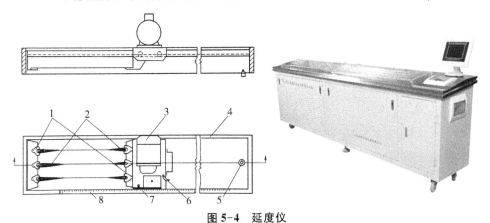

**图 5-4　延度仪**

1—试模；2—试样；3—电机；4—水槽；5—泄水孔；6—开关柄；7—指针；8—标尺

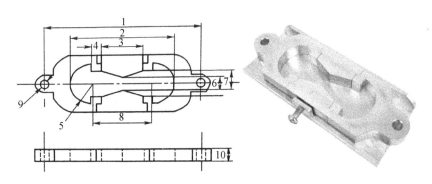

**图 5-5　延度试模**

1—两端模环中心点距离 111.5～113.mm；2—试件总长 74.5～75.5 mm；3—端模间距 29.7～30.3 mm；4—肩长 6.8～7.2 mm；5—半径 15.75～16.25 mm；6—最小横断面宽9.9～10.1 mm；7—端模口宽 19.8～20.2 mm；8—两半圆心间距 42.9～43.1 mm；9—端模孔直径6.5～6.7 mm；10—厚度 9.9～10.1 mm

表 5-2　延度试样尺寸（单位：mm）

| 总　　长 | 74.5～75.5 |
|---|---|
| 中间缩颈部分长度 | 29.7～30.3 |
| 端部开始缩颈处宽度 | 19.7～20.3 |
| 最小横断面宽 | 9.9～10.1 |
| 厚度（全部） | 9.9～10.1 |

（4）恒温水槽：容量不少于 10 L，控制温度的准确度为 0.1 ℃，水槽中应设有带孔搁架，搁架距水槽底不得少于 50 mm。试件浸入水中深度不小于 100 mm。

（5）温度计：0～50 ℃，分度值 0.1 ℃。

（6）砂浴或其他加热炉具。

（7）甘油滑石粉隔离剂（甘油与滑石粉的质量比为 2：1）。

（8）其他：平刮刀、石棉网、酒精、食盐等。

**4. 方法与步骤**

（1）准备工作

① 将隔离剂拌和均匀，涂于清洁干燥的试模底板和两个侧模的内侧表面，并将试模在试模底板上装妥。

② 按《公路工程沥青及沥青混合料试验规程》T0602 规定的方法准备试样，然后将试样仔细自试模的一端至另一端往返数次缓缓注入模中，最后略高出试模，灌模时应注意勿使气泡混入，如图 5-6 所示。

③ 试件在室温中冷却不少于 1.5 h，然后用热刮刀刮除高出试模的沥青，使沥青面

**图 5-6　沥青延度试件**

与试模面齐平。沥青的刮法应自试模的中间刮向两端，且表面应刮得平滑。将试模连同底板再放入规定试验温度的水槽中保温 1.5 h。

④ 检查延度仪延伸速度是否符合规定要求，然后移动滑板使其指针正对标尺的零点。将延度仪注水，并保温达到试验温度±0.1 ℃。

（2）试验步骤

① 将保温后的试件连同底板移入延度仪的水槽中，然后将盛有试样的试模自玻璃板或不锈钢板上取下，将试模两端的孔分别套在滑板及槽端固定板的金属柱上，并取下侧模。水面距试件表面应不小于 25 mm。

② 开动延度仪，并注意观察试样的延伸情况。此时应注意，在试验过程中，水温应始终保持在试验温度规定的范围内，且仪器不得有振动，水面不得有晃动。当水槽采用循环水时，应暂时中断循环，停止水流。在试验中，如发现沥青细丝浮于水面或沉入槽底时，应在水中加入酒精或食盐，调整水的密度至与试样相近后，重新试验。

③ 试件拉断时，读取指针所指标尺上的读数，以 cm 表示。在正常情况下，试

件延伸时应呈锥尖状,拉断时实际断面接近于零。如不能得到这种结果,则应在报告中注明。

**5. 试验报告**

同一试样,每次平行试验不少于3个,如3个测定结果均大于100 cm,试验结果记作">100 cm";特殊需要也可分别记录实测值。如3个测定结果中有一个以上的测定值小于100 cm,若最大值或最小值与平均值之差满足重复性试验要求,则取3个测定结果的平均值的整数作为延度试验结果,若平均值大于100 cm,记作">100 cm";若最大值或最小值与平均值之差不符合重复性试验要求,则试验应重新进行。

表5-3 沥青针入度、延度试验记录表

| 委托单位 | | 试验单位 | |
|---|---|---|---|
| 委托单编号 | | 试验规程 | |
| 工程部位 | | 温度、湿度 | |
| 试样描述 | | 试验日期 | |

沥青针入度试验

| 样品编号 | 试验温度(℃) | 试验时间(s) | 试验荷重(g) | 指针度盘读数(0.1 mm) | | | | | | | | |
|---|---|---|---|---|---|---|---|---|---|---|---|---|
| | | | | 第一次 | | | 第二次 | | | 第三次 | | |
| | | | | 试验前 | 试验后 | 针入度 | 试验前 | 试验后 | 针入度 | 试验前 | 试验后 | 针入度 |
| 1 | | | | | | | | | | | | |
| 2 | | | | | | | | | | | | |
| 3 | | | | | | | | | | | | |

结论:

沥青延度试验

| 样品编号 | 试验温度(℃) | 延伸速度(cm/min) | 延度(cm) | | | |
|---|---|---|---|---|---|---|
| | | | 试件1 | 试件2 | 试件3 | 平均值 |
| 1 | | | | | | |
| 2 | | | | | | |
| 3 | | | | | | |

结论:

试验者: 审核者: 技术负责人:

### 6. 允许误差

当试验结果小于 100 cm 时,重复性试验的允许误差为平均值的 20%,再现性试验的允许误差为平均值的 30%。

## 5.1.3 沥青软化点试验(环球法)

### 1. 试验依据

《公路工程沥青及沥青混合料试验规程》(JTG E20—2011)第 3 章沥青试验 T 0602—2011 沥青试样准备方法、T 0606—2011 沥青软化点试验(环球法)。

### 2. 目的与使用范围

本方法适用于测定道路石油沥青、聚合物改性沥青的软化点,也适用于测定液体石油沥青、煤沥青经蒸馏或乳化蒸发后残留物的软化点。

### 3. 仪器设备

(1)软化点试验仪:如图 5-7 所示,由下列部件组成:

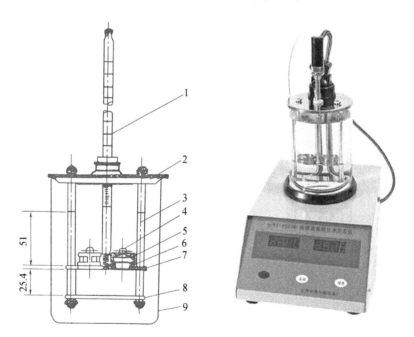

**图 5-7 软化点试验仪(尺寸单位:mm)**

1—温度计;2—上盖板;3—立杆;4—钢球;5—钢球定位环;
6—金属环;7—中层板;8—下底板;9—烧杯

① 钢球:直径 9.53 mm,质量 3.5 g±0.05 g。

② 试样环：黄铜或不锈钢等制成,形状及尺寸如图 5-8 所示。

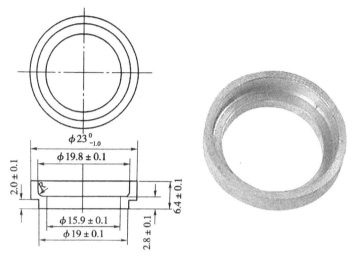

图 5-8　试样环(尺寸单位：mm)

③ 钢球定位环：黄铜或不锈钢制成,形状及尺寸如图 5-9 所示。

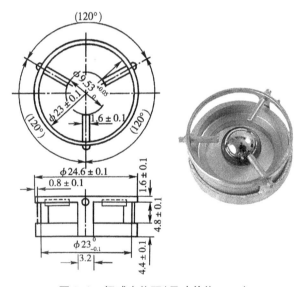

图 5-9　钢球定位环(尺寸单位：mm)

④ 金属支架：由两个主杆和三层平行的金属板组成,上层为一层圆盘,直径略大于烧杯直径,中间有一圆孔,用以插放温度计。中层板形状、尺寸如图 5-10

所示,板上有两个孔,各放置金属环,中间有一小孔可支持温度计的测温端部。一侧立杆距环上面 51 mm 处刻有水高标记。环下面距下层底板为 25.4 mm,而下底板距烧杯底不少于 12.7 mm,也不得大于 19 mm。三层金属板和两个主杆由螺母固定在一起。

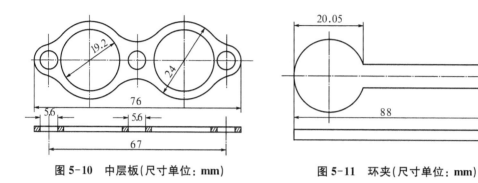

图 5-10 中层板(尺寸单位: mm) 　　　图 5-11 环夹(尺寸单位: mm)

⑤ 耐热玻璃烧杯:容量 800～1 000 mL,直径不小于 86 mm,高不小于120 mm。

⑥ 温度计:量程 0～100 ℃,分度值 0.5 ℃。

(2) 环夹:由薄钢条制成,用以夹持金属环,以便刮平表面,形状、尺寸如图5-11 所示。

(3) 装有调节器的电炉或其他加热炉具(液化石油气、天然气等)。应采用带有振荡搅拌器的加热电炉,振荡子置于烧杯底部。

(4) 当采用自动软化点仪时,各项要求应与上述(1)(2)条要求相同,温度采用温度传感器测定,并能自动显示或记录,且应对自动装置的准确性经常进行校验。

(5) 试样底板:金属板(表面粗糙度应达 $R_a 0.8\ \mu m$)或玻璃板。

(6) 恒温水槽:控温的准确度为±0.5 ℃。

(7) 平直刮刀。

(8) 甘油、滑石粉隔离剂(甘油与滑石粉的质量比为 2∶1)。

(9) 其他:石棉网等。

**4. 方法与步骤**

(1) 准备工作

① 将试样环置于涂有甘油滑石粉隔离剂的试样底板上,按《公路工程沥青及

沥青混合料试验规程》T0602 的规定方法将准备好的沥青试样徐徐注入试样环内至略高出环面为止。

如估计试样的软化点高于 120 ℃,则试样环和试样底板(不用玻璃板)均应预热至 80~100 ℃。

② 试样在室温冷却 30 min 后,用环夹夹着试样环,并用热刮刀刮除环面上的试样,使其与环面齐平。

(2)试验步骤

① 试样软化点在 80 ℃以下者:

a. 将装有试样的试样环连同试样底板置于 5 ℃±0.5 ℃水的恒温水槽中至少 15 min,同时将金属支架、钢球、钢球定位环等置于相同水槽中。

b. 烧杯内注入新煮沸并冷却至 5 ℃的蒸馏水或纯净水,水面略低于立杆上的深度标记。

c. 从恒温水槽中取出盛有试样的试样环放置在支架中层板的圆孔中,套上定位环;然后将整个环架放入烧杯中,调整水面至深度标记,并保持水温为 5 ℃±0.5 ℃。环架上任何部分不得附有气泡。将 0~100 ℃的温度计由上层板中心孔垂直插入,使端部测温头底部与试样环下面齐平。

d. 将盛有水和环架的烧杯移至放有石棉网的加热炉具上,然后将钢球放在定位环中间的试样中央,立即开动振荡搅拌器,使水微微振荡,并开始加热,使杯中水温在 3 min 内调节至维持每分钟上升 5 ℃±0.5 ℃。在加热过程中,应记录每分钟上升的温度值,如温度上升速度超出此范围,则试验应重做。

e. 试样受热软化逐渐下坠,至与下层底板表面接触时,如图 5-12 所示,立即读取温度,准确至 0.5 ℃。

② 试样软化点在 80 ℃以上者:

a. 将装有试样的试样环连同试样底板置于装有 32 ℃±1 ℃甘油的恒温槽中至少15 min,同时将金属支架、钢球、钢球定位环等置于甘油中。

b. 烧杯内注入预先加热至 32 ℃的甘油,水面略低于立杆上的深度标记。

c. 从恒温槽中取出盛有试样的试样环,按上述方法进行测定,准确至 1 ℃。

图 5-12　软化点温度读取标志

**5. 试验报告**

同一试样平行试验两次,当两次测定值的差值符合重复性试验允许误差要求时,取其平均值作为软化点试验结果,准确至 0.5 ℃。

表 5-4　沥青软化点试验记录表

| 委托单位 | | 试验单位 | |
|---|---|---|---|
| 委托单编号 | | 试验规程 | |
| 工程部位 | | 温度、湿度 | |
| 试样描述 | | 试验日期 | |
| 施工单位 | | 施工桩号 | |
| 取样地点 | | 取样名称 | |

| 样品编号 | 室内温度(℃) | 烧杯内液体种类 | 开始加热时间 | 开始加热液体温度(℃) | 烧杯中液体温度上升记录(℃) | | | | | | | | | | | | | | | | 软化点(℃) | 软化点平均值(℃) |
|---|---|---|---|---|---|---|---|---|---|---|---|---|---|---|---|---|---|---|---|---|---|---|
| | | | | | 开始加热时 | 一分钟末 | 二分钟末 | 三分钟末 | 四分钟末 | 五分钟末 | 六分钟末 | 七分钟末 | 八分钟末 | 九分钟末 | 十分钟末 | 十一分钟末 | 十二分钟末 | 十三分钟末 | 十四分钟末 | 十五分钟末 | | |
| 1 | | | | | | | | | | | | | | | | | | | | | | |
| 2 | | | | | | | | | | | | | | | | | | | | | | |
| 3 | | | | | | | | | | | | | | | | | | | | | | |
| 4 | | | | | | | | | | | | | | | | | | | | | | |

结论:

试验者:　　　　　　　　审核者:　　　　　　　　技术负责人:

**6. 允许误差**

(1) 当试样软化点小于 80 ℃时,重复性试验的允许误差为 1 ℃,再现性试验的允许误差为 4 ℃。

(2) 当试样软化点大于 80 ℃时,重复性试验的允许误差为 2 ℃,再现性试验的允许误差为 8 ℃。

# 5.2　沥青标准黏度试验(道路沥青标准黏度计法)

**1. 试验依据**

《公路工程沥青及沥青混合料试验规程》(JTG E20—2011)第 3 章沥青试验

T 0602—2011 沥青试样准备方法、T 0621—1993 沥青标准黏度试验(道路沥青标准黏度计法)。

**2. 目的与适用范围**

本方法采用道路标准黏度计测定液体石油沥青、煤沥青、乳化沥青等材料流动状态时的黏度。本法测定的黏度应注明温度及流孔直径,以 $C_{t, d}$ 表示($t$ 为试验温度为℃;$d$ 为孔径,mm)。

**3. 仪器设备**

(1) 道路标准黏度计:形状及尺寸如图 5-13(a)、图 5-14 所示,由下列部分组成:

① 水槽:环槽形,内径 160 mm,深 100 mm,中央有一圆柱井,井壁与水槽之间距离不少于 55 mm。环槽中存放保温用液体(水或油),上、下方各设有一流水管。水槽下装有可以调节高低的三脚架,架上有一圆盘承托水槽,水槽底离试验台面约 200 mm。水槽控温精密度为±0.2 ℃。

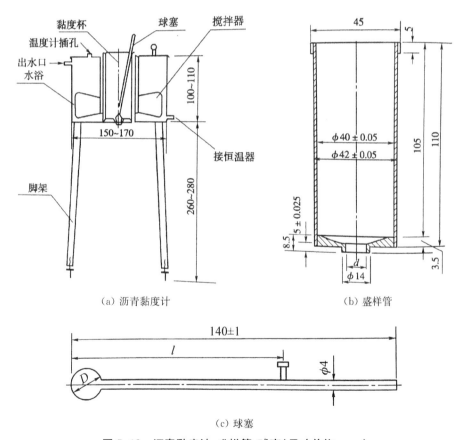

(a) 沥青黏度计          (b) 盛样管

(c) 球塞

图 5-13  沥青黏度计、盛样管、球塞(尺寸单位:mm)

② 盛样管：形状及尺寸如图 5-13(b)所示，管体为黄铜，带流孔的底板为磷青铜制成。盛样管的流孔 $d$ 有 3 mm±0.025 mm、4 mm±0.025 mm、5 mm±0.025 mm、10 mm±0.025 mm 四种。根据试验需要选择盛样管流孔的孔径。

③ 球塞：用以堵塞流孔，形状尺寸如图 5-13(c)所示。杆上有一标记。直径 12.7 mm±0.05 mm 球塞的标记高为 92 mm±0.25 mm，用以指示 10 mm 盛样管内试样的高度，直径 6.35 mm±0.05 mm 的球塞标记高为 90.3 mm±0.25 mm，用以指示其他盛样管内试样的高度。

**图 5-14　沥青标准黏度计**

④ 水槽盖：盖的中央有套筒，可套在水槽的圆井上，下附有搅拌叶，盖上有一把手，转动时可借搅拌叶调匀水槽内水温。盖上还有一插孔，可放置温度计。

⑤ 温度计：分度值 0.1 ℃。

⑥ 接受瓶：开口，圆柱形玻璃容器，100 mL，在 25 mL、50 mL、75 mL、100 mL 处有刻度；也可采用 100 mL 量筒。

⑦ 流孔检查棒：磷青铜制，长 100 mm，检查 4 mm 和 10 mm 流孔及检查 3 mm 和 5 mm 流孔各一支，检查段位于两端，长度不少于 10 mm，直径按流孔下限尺寸制造。

(2) 秒表：分度值 0.1 s。

(3) 循环恒温水槽。

(4) 肥皂水或矿物油水。

(5) 其他：加热炉、大蒸发皿等。

**4. 方法与步骤**

(1) 准备工作

① 按《公路工程沥青及沥青混合料试验规程》T 0602 规定的方法准备沥青样品，根据沥青材料的种类和稠度，选择需要流孔孔径的盛样管，置水槽圆井中。用规定的球塞堵好流孔，流孔下放蒸发皿，以备接受不慎流出的试样。除 10 mm 流孔采用直径 12.7 mm 球塞外，其余流孔均采用直径为 6.35 mm 的球塞。

② 根据试验温度需要，调整恒温水槽的水温为试验温度±0.1 ℃，并将其进出口与黏度计水槽的进出口用胶管接妥，使热水流进行正常循环。

（2）试验步骤

① 将试样加热至比试验温度高 2～3 ℃（如试验温度低于室温时，试样须冷却至比试验温度低 2～3 ℃）时注入盛样管，其数量以液面到达球塞杆垂直时标杆上的标记为准。

② 试样在水槽中保持试验温度至少 30 min，用温度计轻轻搅拌试样，测量试样的温度为试验温度±0.1 ℃时，调整试样液面至球塞杆的标记处，再继续保温 1～3 min。

③ 将流孔下蒸发皿移去，放置接受瓶或量筒，使其中心正对流孔。接受瓶或量筒可预先注入肥皂水或矿物油 25 mL，以利洗涤及读数准确。

④ 提起球塞，借标记悬挂在试样管边上，待试样流入接受瓶或量筒达 25 mL（量筒刻度 50 mL）时，按动秒表，待试样流出 75 mL（量筒刻度 100 mL）时，按停秒表。

⑤ 记取试样流出 50 mL 所经过的时间，以 s 计，即为试样的黏度。

**5. 试验报告**

同一试样至少平行试验两次，当两次测定的差值不大于平均值的 4％时，取其平均值的整数作为试验结果。

表 5-5　沥青黏度试验记录表

| 委托单位 | | 试验单位 | |
|---|---|---|---|
| 委托单编号 | | 试验规程 | |
| 工程部位 | | 温度、湿度 | |
| 试样描述 | | 试验日期 | |

| 试验次数 | 流孔直径（mm） | 保温水浴中水温度（℃） | 试样温度（℃） | 量杯中肥皂水数量（mL） | 流出 50 mL 时所需时间（s） | 平均值（s） |
|---|---|---|---|---|---|---|
| 1 | | | | | | |
| 2 | | | | | | |
| 3 | | | | | | |
| 4 | | | | | | |
| 结论 | | | | | | |

试验者：　　　　　　　　审核者：　　　　　　　　技术负责人：

**6. 允许误差**

重复性试验的允许差为平均值的 4%。

# 5.3　复习思考题

1. 延度试验的保温温度及保温时间是多少？延度仪拉伸速度是多少？
2. 沥青试样软化点在 80 ℃以上用什么介质？试验起始温度为多少？
3. 沥青试样软化点在 80 ℃以下用什么介质？试验起始温度为多少？

# 第六章　沥青混合料试验

## 试验内容和学习要求

本章选编了：①沥青混合料的制备和试件成型；②马歇尔稳定度试验。

要求学生通过试验学习的知识点：①掌握沥青混合料的制备方法；②掌握沥青混合料物理常数、马歇尔稳定度、流值和残留稳定度的测定方法，通过试验能确定沥青混合料最佳油石比。

## 6.1　沥青混合料马歇尔试件制备和成型(击实法)

### 1. 试验依据

《公路工程沥青及沥青混合料试验规程》(JTG E20—2011)第 3 章沥青试验 T 0625—2011 沥青旋转黏度试验(布洛克菲尔德黏度计法)，第 4 章沥青混合料试验 T 0701—2011 沥青混合料取样法、T 0702—2011 沥青混合料试件制作方法(击实法)。

### 2. 目的与适用范围

（1）本方法适用于标准击实法或大型击实法制作沥青混合料试件，以供实验室进行沥青混合料的物理力学性质试验使用。

（2）标准击实法适用于马歇尔试验、间接拉伸试验(劈裂法)等所使用的 $\phi$ 101.6 mm×63.5 mm 圆柱体试件的成型。大型击实法适用于 $\phi$ 152.4 mm× 95.3 mm 的大型圆柱体试件的成型。

（3）沥青混合料试件制作时的矿料规格及试件数量应符合如下规定：

① 当集料公称最大粒径小于或等于 26.5 mm 时，采用标准击实法。一组试件的数量不少于 4 个。

② 当集料公称最大粒径大于 26.5 mm 时，宜采用大型击实法。一组试件的数量不少于 6 个。

### 3. 仪器设备

（1）自动击实仪：击实仪应具有自动记数、控制仪表、按钮设置、复位及暂停等功能。按其用途分为以下两种：

① 标准击实仪：如图 6-1 所示，由击实锤、$\phi$ 98.5 mm±0.5 mm 平圆形压实头及带手柄的导向棒组成。用机械将压实锤提升，从 457.2 mm±2.5 mm 高度沿导向棒自由落下连续击实，标准击实锤质量 4 536 g±9 g。

② 大型击实仪：由击实锤、$\phi$ 149.5 mm±0.1 mm 平圆形压实头及带手柄的导向棒组成。用机械将压实锤提升，从 457.2 mm±2.5 mm 高度沿导向棒自由落下击实，标准击实锤质量 10 210 g±10 g。

（2）实验室用沥青混合料拌和机：能保证拌和温度并充分拌和均匀，可控制拌和时间，容量不小于 10 L，如图 6-2、图 6-3 所示。搅拌叶自转速度 70～80 r/min，公转速度 40～50 r/min。

**图 6-1　马歇尔击实仪**

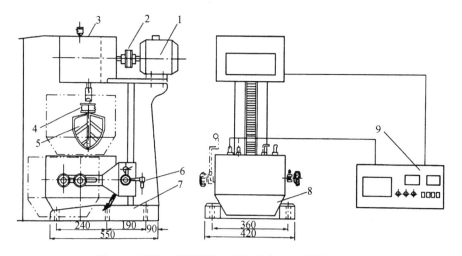

**图 6-2　试验室用沥青混合料拌和机(尺寸单位：mm)**

1—电机；2—联轴器；3—变速箱；4—弹簧；5—拌和叶片；6—升降手柄；
7—底座；8—加热拌和锅；9—温度时间控制仪

（3）试模：由高碳钢或工具钢制成，几何尺寸如下：

① 标准击实仪试模的内径 $\phi$ 101.6 mm±0.2 mm，圆柱形金属筒高 87 mm、底座直径约 120.6 mm，套筒内径 104.8 mm、高 70 mm。

② 大型击实仪的试模与套筒尺寸如图 6-4 所示。套筒外径 165.1 mm，内径 155.6 mm±0.3 mm，总高 83 mm。试模内径 152.4 mm±0.2 mm，总高115 mm，底座板厚 12.7 mm，直径 172 mm。

图 6-3　沥青混合料拌和机

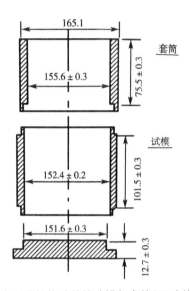

图 6-4　大型圆柱体试件的试模与套筒(尺寸单位：mm)

（4）脱模器：电动或手动，可无破损地推出圆柱体试件，备有标准圆柱体试件及大型圆柱体试件尺寸的推出环，如图 6-5 所示。

（5）烘箱：大、中型各一台，应有温度调节器。

（6）天平或电子秤：用于称量矿料的，感量不大于 0.5 g；用于称量沥青的，感量不大于 0.1 g。

（7）布洛克菲尔德黏度计。

（8）插刀或大螺丝刀。

（9）温度计：分度值为 1 ℃。宜采用有金属插杆的插入式数显温度计，金属插杆的长度不小于 150 mm，量程 0～300 ℃。

（10）其他：电炉或煤气炉、沥青熔化锅、拌和铲、标准筛、滤纸（或普通纸）、胶

图 6-5　脱模机

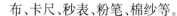

布、卡尺、秒表、粉笔、棉纱等。

**4. 准备工作**

（1）确定制作沥青混合料试件的拌和温度与压实温度

① 按《公路工程沥青及沥青混合料试验规程》(JTG E20—2011)规定的方法测定沥青的黏度，绘制黏温曲线。按表 6-1 的要求确定适宜沥青混合料拌和及压实的等黏温度。

表 6-1　适宜于沥青混合料拌和及压实的等黏温度

| 沥青结合料种类 | 黏度与测定方法 | 适用于拌和的沥青结合料黏度 | 适用于压实的沥青结合料黏度 |
|---|---|---|---|
| 石油沥青 | 表观黏度，T0625 | $(0.17\pm0.02)$Pa·s | $(0.28\pm0.03)$Pa·s |

注：液体沥青混合料的压实成型温度按石油沥青要求执行。

② 当缺乏沥青黏度测定条件时，试件的拌和与压实温度可按表 6-2 选用，并根据沥青品种和标号做适当调整。针入度小、稠度大的沥青取高限，针入度大、稠度小的沥青取低限，一般取中值。

表 6-2　沥青混合料拌和与压实温度参考表（单位：℃）

| 沥青结合料种类 | 拌和温度 | 压实温度 |
|---|---|---|
| 石油沥青 | 140~160 | 120~150 |
| 改性沥青 | 160~175 | 140~170 |

③ 对改性沥青，应根据改性剂的品种和用量适当提高混合料的拌和和压实温度。对大部分聚合物改性沥青，需要在基质沥青的基础上提高 15~30 ℃左右；掺加纤维时，尚需再提高 10 ℃左右。

④ 常温沥青混合料的拌和及压实在常温下进行。

（2）沥青混合料试件的制作条件

① 在拌和厂或施工现场采取沥青混合料制作试样时，按《公路工程沥青及沥青混合料试验规程》T0701 的方法取样，将试样置于烘箱中加热保温，在混合料中插入温度计测量温度，待混合料温度符合要求后成型。需要适当拌和时可倒入已加热的小型沥青混合料拌和机中适当拌和，时间不超过 1 min。但不得在电炉或明火上加热炒拌。

② 在实验室人工配制沥青混合料时，材料准备按下列步骤进行：

a. 将各种规格的矿料置于 105 ℃±5 ℃的烘箱中烘干至恒重（一般不少于 4~6 h）。

b. 将烘干分级的粗细集料,按每个试件设计级配要求称其质量,在一金属盘中混合均匀,矿粉单独放入小盆里;置于烘箱中预热至沥青拌和温度以上 15 ℃(采用石油沥青时通常为 163 ℃,采用改性沥青时通常为 180 ℃)备用。一般按一组试件(每组 4～6 个)备料,但进行配合比设计时宜对每个试件分别备料。常温沥青混合料的矿料不应加热。

c. 按《公路工程沥青及沥青混合料试验规程》T 0601 采取的沥青试样,用恒温烘箱加热至规定的沥青混合料拌和温度备用,但不得超过 175 ℃。当不得已采用燃气炉或电炉直接加热进行脱水时,必须使用石棉垫隔开。

**5. 拌制沥青混合料**

(1) 黏稠石油沥青混合料

① 用蘸有少许黄油的棉纱擦净试模、套筒及击实座等,置于 100 ℃左右烘箱中加热 1 h 备用。常温沥青混合料用试模不需要加热。

② 将沥青混合料拌和机提前预热至拌和温度以上 10 ℃左右。

③ 将加热的粗细集料置于拌和机中,用小铲适当混合;然后再加入需要数量的沥青(如沥青已称量在一专用容器内时,可在倒掉沥青后用一部分热矿粉将沾在容器壁上的沥青擦拭并一起倒入拌和锅中),开动拌和机,一边搅拌一边将搅拌叶插入混合料中拌和 1～1.5 min,暂停拌和,加入加热的矿粉,继续拌和至均匀为止,并使沥青混合料保持在要求的拌和温度范围内。标准的总拌和时间为 3 min。

(2) 液体石油沥青混合料

将每组(或每个)试件的矿料置于已加热至 55～100 ℃的沥青混合料搅拌机中,注入要求数量的液体沥青,并将混合料边加热边拌和,使液体沥青中的溶剂挥发至 50% 以下。拌和时间应事先试拌确定。

(3) 乳化沥青混合料

将每个试件的粗细集料置于沥青混合料搅拌机(不加热,也可用人工拌和)中,注入计算的用水量(阴离子乳化沥青不加水)后,拌和均匀并使矿料表面完全湿润,再注入设计的沥青乳液用量,在 1 min 内使混合料拌匀,然后加入矿粉后迅速拌和,使混合料拌成褐色为止。

**6. 成型方法**

(1) 马歇尔标准击实法的成型步骤如下:

① 将拌好的沥青混合料用小铲适当拌和均匀,称取一个试件所需的用量(标准马歇尔试件约需 1 200 g,大型马歇尔试件约需 4 050 g)。当已知沥青混合料

密度时,可根据试件的标准尺寸计算,并乘以 1.03 得到要求的混合料数量。当一次拌和几个试件时,宜将其倒入经预热的金属盘中,用小铲适当拌和均匀分成几份,分别取用。在试件制作过程中,为防止混合料温度下降,应连盘放在烘箱中保温。

② 从烘箱中取出预热的试模及套筒,用沾有少许黄油的棉纱擦拭套筒、底座及击实锤底面,将试模装在底座上,垫一张圆形的吸油性小的纸,用小铲将混合料铲入试模中,用插刀或大螺丝刀沿周边插捣 15 次,中间 10 次。插捣后将沥青混合料表面整平。对大型马歇尔试件,混合料分两次加入,每次插捣次数同上。

③ 插入温度计至混合料中心附近,检查混合料温度。

④ 待混合料温度符合要求的压实温度后,将试模连同底板放在击实台上固定,在装好的混合料上面垫一张吸油性小的圆纸,再将装有击实锤及导向棒的压头插入试模中,开启电机,使击实锤从 457 mm 的高度自由落下击实规定的次数(75 次或 50 次)。对大型马歇尔试件,击实次数为 75 次(相应于标准击实 50 次)或 112 次(相应于标准击实 75 次)。

⑤ 试件击实一面后,取下套筒,将试模翻转,装上套筒,然后以同样的方法和次数击实另一面。

乳化沥青混合料试件在两面击实后,将一组试件在室温下横向放置 24 h;另一组试件置于温度为 105 ℃±5 ℃的烘箱中养护 24 h,将养护试件取出后再立即两面捶击各 25 次。

⑥ 试件击实结束后,立即用镊子取掉上、下面上的纸,用卡尺量取试件离试模上口的高度并由此计算试件高度。高度不符合要求时,试件应作废,并按下式调整试件的混合料质量,以保证高度符合 63.5 mm±1.3 mm(标准试件)或 95.3 mm±2.5 mm(大型试件)的要求。

$$调整后混合料质量 = \frac{要求试件高度 \times 原用混合料质量}{所得试件的高度} \qquad (6-1)$$

(2) 卸去套筒和底座,将装有试件的试模横向放置冷却至室温后(不少于 12 h),置于脱模机上脱出试件。用作现场马歇尔指标检验的试件,在施工质量检验过程中如急需试验,允许采用电风扇吹冷 1 h 或浸水冷却 3 min 以上的方法脱模,但浸水脱模法不能用于测量密度、空隙率等各项物理指标。

(3) 将试件仔细置于干燥洁净的平面上,供试验用。

### 7. 试验报告

表 6-3 沥青混合料配合比计算表

| 委托单位 | | 试验单位 | |
|---|---|---|---|
| 委托单编号 | | 试验规程 | |
| 工程部位 | | 温度、湿度 | |
| 试样描述 | | 试验日期 | |
| 沥青品种、标号 | | | |

| 矿料配比<br>(%) | 通过下列筛孔(方孔筛,mm)的质量百分率(%) | | | | | | | | | | | |
|---|---|---|---|---|---|---|---|---|---|---|---|---|
| | 26.5 | 19.0 | 16.0 | 13.2 | 9.5 | 4.75 | 2.36 | 1.18 | 0.6 | 0.6 | 0.15 | 0.075 |
| | | | | | | | | | | | | |
| | | | | | | | | | | | | |
| | | | | | | | | | | | | |
| | | | | | | | | | | | | |
| 混合料级配 | | | | | | | | | | | | |
| 规范级<br>配范围 | | | | | | | | | | | | |

| 组成材料名称 | 比重(或表观密度)(g/cm³) | 配合比(%) | 成型时所需材料质量(g) |
|---|---|---|---|
| 沥青 | | | |
| 矿质材料 | | | |
| | | | |
| | | | |
| | 合计 | — | |
| 结论 | | | |

试验者: 　　　　　审核者: 　　　　　技术负责人:

## 6.2 沥青混合料马歇尔稳定度试验

### 6.2.1 压实沥青混合料密度试验(表干法)

#### 1. 试验依据

《公路工程沥青及沥青混合料试验规程》(JTG E20—2011)第 4 章沥青混合

料试验 T 0705—2011 压实沥青混合料密度试验(表干法)。

**2. 目的与适用范围**

(1)表干法适用于测定吸水率不大于 2% 的各种沥青混合料试件,包括密级配沥青混凝土、沥青马蹄脂碎石混合料(SMA)和沥青稳定碎石等沥青混合料试件的毛体积相对密度和毛体积密度。标准温度为 25 ℃±0.5 ℃。

(2)本方法测定的毛体积相对密度和毛体积密度适用于计算沥青混合料试件的空隙率、矿料间隙率等各项体积指标。

**3. 仪器设备**

(1)浸水天平或电子天平:当最大称量在 3 kg 以下时,感量不大于 0.1 g;当最大称量 3 kg 以上时,感量不大于 0.5 g;应有测量水中重的挂钩。

(2)网篮。

(3)溢流水箱:如图 6-6 所示,使用洁净水,有水位溢流装置,保持试件和网篮浸入水中后的水位一定。能调整水温至 25 ℃±0.5 ℃。

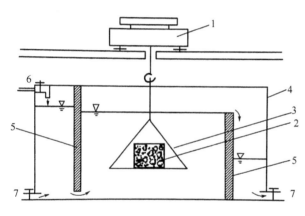

**图 6-6　溢流水箱及下挂法水中重称量方法示意图**

1—浸水天平或电子天平;2—试件;3—网篮;4—溢流水箱;5—水位搁板;6—注水口;7—防水阀门

(4)试验悬吊装置:天平下方悬吊网篮及试件的装置。吊线应采用不吸水的尼龙线绳,并有足够的长度。对轮碾成型的板块试件可用铁丝悬挂。

(5)秒表。

(6)毛巾。

(7)电风扇或烘箱。

**4. 方法与步骤**

(1)准备试件。本试验可以采用室内成型的试件,也可以采用工程现场钻芯、切割等方法获得的试件。当采用现场钻芯取样时,应按照《公路工程沥青及沥青混合料试验规程》T 0710 的方法进行。试验前试件宜在阴凉处保存(温度不宜高于 35 ℃),且放置在水平的平面上,注意不要使试件产生变形。

（2）选择适宜的浸水天平或电子秤,最大称量应满足试件质量要求。

（3）除去试件表面的浮粒,称取干燥试件的空气中质量（$m_a$）,根据选择的天平的感量读数,准确至 0.1 g 或 0.5 g。

（4）将溢流水箱水温保持在 25 ℃±0.5 ℃。挂上网篮,浸入溢流水箱中,调节水位,将天平调平并复零,把试件置于网篮中(注意不要晃动水)浸水中 3～5 min,称取水中质量（$m_w$）。若天平读数持续变化,不能很快达到稳定,说明试件吸水较严重,不适用于此法测定,应改用蜡封法测定。

（5）从水中取出试件,用洁净柔软的拧干湿毛巾轻轻擦去试件的表面水(不得吸走空隙内的水),称取试件的表干质量（$m_f$）。从试件拿出水面到擦拭结束不宜超过 5 s,称量过程中流出的水不得再擦拭。

（6）对从工程现场钻取的非干燥试件可先称取水中质量（$m_w$）和表干质量（$m_f$）,然后用电风扇将试件吹干至恒重(一般不少于 12 h,当不需进行其他试验时,也可在 60 ℃±5 ℃烘箱中烘干至恒重),再称取空气中质量（$m_a$）。

**5. 计算**

（1）计算试件的吸水率,取 1 位小数。

试件的吸水率即试件吸水体积占沥青混合料毛体积的百分率,按式(6-2)计算。

$$S_a = \frac{m_f - m_a}{m_f - m_w} \times 100 \qquad (6\text{-}2)$$

式中：$S_a$——试件的吸水率(%)；

　　　$m_a$——干燥试件空气中质量(g)；

　　　$m_w$——试件水中质量(g)；

　　　$m_f$——试件的表干质量(g)。

（2）计算试件的毛体积相对密度及毛体积密度,取 3 位小数。

$$\gamma_f = \frac{m_a}{m_f - m_w} \qquad (6\text{-}3)$$

$$\rho_f = \frac{m_a}{m_f - m_w} \times \rho_w \qquad (6\text{-}4)$$

式中：$\gamma_f$——试件毛体积相对密度，无量纲；

$\rho_f$——试件毛体积密度(g/cm³)；

$\rho_w$——25 ℃时水的密度，取 0.997 1 g/cm³。

（3）试件的空隙率按式(6-5)计算，取 1 位小数。

$$VV = \left(1 - \frac{\gamma_f}{\gamma_t}\right) \times 100 \tag{6-5}$$

式中：$VV$——试件的空隙率(%)；

$\gamma_t$——沥青混合料理论最大相对密度，计算或实测得到，无量纲；

$\gamma_f$——试件的毛体积相对密度，无量纲，通常采用表干法测定；当试件的吸水率 $S_a > 2\%$ 时，宜采用蜡封法测定；当按规定容许采用水中重法测定时，也可用表观相对密度 $\gamma_a$ 代替。

（4）按式(6-6)计算矿料的合成毛体积相对密度，取 3 位小数。

$$\gamma_{sb} = \frac{100}{\dfrac{P_1}{\gamma_1} + \dfrac{P_2}{\gamma_2} + \cdots + \dfrac{P_n}{\gamma_n}} \tag{6-6}$$

式中：$\gamma_{sb}$——矿料的合成毛体积相对密度，无量纲；

$P_1, P_2, \cdots, P_n$——各种矿料占总质量的百分率(%)，其和为 100；

$\gamma_1, \gamma_2, \cdots, \gamma_n$——各种矿料的相对密度，无量纲；采用《公路工程集料试验规程》(JTG E42—2005)的方法进行测定，粗集料按 T 0304 规定的方法测定，机制砂及石屑可按 T 0330 规定的方法测定，也可以用筛出的 2.36～4.75 mm 部分按 T 0304 方法测定的毛体积相对密度代替；矿粉(含消石灰、水泥)采用表观相对密度。

（5）按式(6-7)计算矿料的合成表观相对密度，取 3 位小数。

$$\gamma_{sa} = \frac{100}{\dfrac{P_1}{\gamma_1'} + \dfrac{P_2}{\gamma_2'} + \cdots + \dfrac{P_n}{\gamma_n'}} \tag{6-7}$$

式中：$\gamma_{sa}$——矿料的合成毛体积相对密度，无量纲；

$\gamma_1', \gamma_2', \cdots, \gamma_n'$——各种矿料的相对密度，无量纲。

（6）确定矿料的有效相对密度，取 3 位小数。

① 对非改性沥青混合料，采用真空法实测理论最大相对密度，取平均值。按式(6-8)计算合成矿料的有效相对密度 $\gamma_{se}$。

$$\gamma_{se}=\frac{100-P_b}{\dfrac{100}{\gamma_t}-\dfrac{P_b}{\gamma_b}} \tag{6-8}$$

式中：$\gamma_{se}$——合成矿料的有效相对密度，无量纲；

$\quad\quad P_b$——沥青用量，即沥青质量占沥青混合料总质量的百分比(%)；

$\quad\quad \gamma_t$——实测沥青混合料理论最大相对密度，无量纲；

$\quad\quad \gamma_b$——25 ℃ 时沥青的相对密度，无量纲。

② 对改性沥青及 SMA 等难以分散的混合料，有效相对密度宜直接由矿料的合成毛体积相对密度与合成表观相对密度按式(6-9)计算确定，其中沥青吸收系数 $C$ 值根据材料的吸水率由式(6-10)求得，合成矿料的吸水率按式(6-11)计算。

$$\gamma_{se}=C\times\gamma_{sa}+(1-C)\times\gamma_{sb} \tag{6-9}$$

$$C=0.033w_x^2-0.2936w_x+0.9339 \tag{6-10}$$

$$w_x=\left(\frac{1}{\gamma_{sb}}-\frac{1}{\gamma_{sa}}\right)\times100 \tag{6-11}$$

式中：$C$——沥青吸收系数，无量纲；

$\quad\quad w_x$——合成矿料的吸水率(%)。

(7) 确定沥青混合料的理论最大相对密度，取 3 位小数。

① 对非改性的普通沥青混合料，采用真空法实测沥青混合料的理论最大相对密度 $\gamma_t$。

② 对改性沥青或 SMA 混合料宜按式(6-12)或式(6-13)计算沥青混合料对应的油石比的理论最大相对密度。

$$\gamma_t=\frac{100+P_a}{\dfrac{100}{\gamma_{se}}+\dfrac{P_a}{\gamma_b}} \tag{6-12}$$

$$\gamma_t=\frac{100+P_a+P_x}{\dfrac{100}{\gamma_{se}}+\dfrac{P_a}{\gamma_b}+\dfrac{P_x}{\gamma_x}} \tag{6-13}$$

式中：$\gamma_t$——计算沥青混合料对应油石比的理论最大相对密度，无量纲；

$\quad\quad P_a$——油石比，即沥青质量占矿料总质量的百分比(%)。

$$P_a=\frac{P_b}{100-P_b}\times100 \tag{6-14}$$

式中：$P_x$——纤维用量，即纤维质量占矿料总质量的百分比（%）；

$\quad\gamma_x$——25 ℃时纤维的相对密度，由厂方提供或实测得到，无量纲；

$\quad\gamma_{se}$——合成矿料的有效相对密度，无量纲；

$\quad\gamma_b$——25 ℃时沥青的相对密度，无量纲。

③ 对旧路面钻取芯样的试件缺乏材料的密度、配合比及油石比的沥青混合料，可以采用真空法实测沥青混合料的理论最大相对密度 $\gamma_t$。

（8）按式(6-15)～式(6-17)计算试件的空隙率 $VV$、矿料间隙率 $VMA$ 和有效沥青的饱和度 $VFA$，取 1 位小数。

$$VV = \left(1 - \frac{\gamma_f}{\gamma_t}\right) \times 100 \qquad (6\text{-}15)$$

$$VMA = (1 - \frac{\gamma_f}{\gamma_{sb}} \times \frac{P_s}{100}) \times 100 \qquad (6\text{-}16)$$

$$VFA = \frac{VMA - VV}{VMA} \times 100 \qquad (6\text{-}17)$$

式中：$VV$—— 沥青混合料试件的空隙率（%）；

$\quad VMA$—— 沥青混合料试件的矿料间隙率（%）；

$\quad VFA$—— 沥青混合料试件的有效沥青饱和度（%）；

$\quad P_s$—— 各种矿料占沥青混合料总质量的百分率之和（%）；$P_s = 100 - P_b$；

$\quad\gamma_{se}$—— 矿料的合成毛体积相对密度，无量纲。

（9）按式(6-18)～式(6-20)计算沥青结合料被矿料吸收的比例及有效沥青含量、有效沥青体积百分率，取 1 位小数。

$$P_{ba} = \frac{\gamma_{se} - \gamma_{sb}}{\gamma_{se} \times \gamma_{sb}} \times \gamma_b \times 100 \qquad (6\text{-}18)$$

$$P_{be} = P_b - \frac{P_{ba}}{100} \times P_s \qquad (6\text{-}19)$$

$$V_{be} = \frac{\gamma_f \times P_{be}}{\gamma_b} \qquad (6\text{-}20)$$

式中：$P_{ba}$——沥青混合料中被矿料吸收的沥青质量占矿料总质量的百分率（%）；

$\quad P_{be}$——沥青混合料中的有效沥青含量（%）；

$V_{be}$——沥青混合料试件的有效沥青体积百分率(%)。

(10) 按式(6-21)计算沥青混合料的粉胶比,取 1 位小数。

$$FB = \frac{P_{0.075}}{P_{be}} \tag{6-21}$$

式中：$FB$ ——粉胶比,沥青混合料的矿料中 0.075 mm 通过率与有效沥青含量的比值,无量纲;

$P_{0.075}$ ——矿料级配中 0.075 mm 的通过率(水洗法)(%)。

(11) 按式(6-22)计算集料的比表面积,按式(6-23)计算沥青混合料沥青膜有效厚度。各种集料粒径比表面积系数按表 6-4 取用。

$$SA = \sum (P_i \times FA_i) \tag{6-22}$$

$$DA = \frac{P_{be}}{\rho_b \times P_s \times SA} \times 1\,000 \tag{6-23}$$

式中：$SA$——集料的比表面积总和(m²/kg);

$P_i$——集料各粒径的质量通过百分率(%);

$FA_i$——各筛孔对应集料表面积系数(m²/kg),按表 6-4 确定;

$DA$——沥青膜有效厚度(μm);

$\rho_b$——沥青 25 ℃ 时的密度(g/cm³)。

**表 6-4　集料的表面积系数及比表面积计算示例**

| 筛孔尺寸(mm) | 19 | 16 | 13.2 | 9.5 | 4.75 | 2.36 | 1.18 | 0.6 | 0.3 | 0.15 | 0.075 |
|---|---|---|---|---|---|---|---|---|---|---|---|
| 表面积系数 $FA_i$ (m²/kg) | 0.004 1 | — | — | — | 0.004 1 | 0.008 2 | 0.016 4 | 0.028 7 | 0.061 4 | 0.122 9 | 0.327 7 |
| 集料各粒径的质量通过百分率 $P_i$ (%) | 100 | 92 | 85 | 76 | 60 | 42 | 32 | 23 | 16 | 12 | 6 |
| 集料的比表面积 $FA_i \times P_i$ (m²/kg) | 0.41 | — | — | — | 0.25 | 0.34 | 0.52 | 0.66 | 0.98 | 1.47 | 1.97 |
| 集料比表面积总和 $SA$ (m²/kg) | $SA = 0.41 + 0.25 + 0.34 + 0.52 + 0.66 + 0.98 + 1.47 + 1.97 = 6.60$ | | | | | | | | | | |

注：矿料级配中大于 4.75 mm 集料的表面积系数 $FA$ 均取 0.004 1。计算集料比表面积时,大于 4.75 mm 集料的比表面积只计算一次,即只计算最大粒径对应部分。如表 6-4,该例的 $SA = 6.60$ m²/kg,若沥青混合料的有效沥青含量为 4.65%,沥青混合料的沥青用量为 4.8%,沥青密度为 1.03 g/cm³,$P_s = 95.2$,则沥青膜厚度 $DA = 4.65/(95.2 \times 1.03 \times 6.60) \times 1\,000 = 7.19$ μm。

（12）粗集料骨架间隙率可按式（6-24）计算，取 1 位小数。

$$VCA_{mix} = 100 - \frac{\gamma_f}{\gamma_{ca}} \times P_{ca} \qquad (6\text{-}24)$$

式中：$VCA_{mix}$——粗集料骨架间隙率（%）；

$\quad P_{ca}$——矿料中所有粗集料质量占沥青混合料总质量的百分率（%），按式（6-25）计算得到：

$$P_{ca} = P_s \times PA_{4.75}/100 \qquad (6\text{-}25)$$

$PA_{4.75}$——矿料级配中 4.75 mm 筛余量，即 100 减去 4.75 mm 的通过率；

注：$PA_{4.75}$ 对于一般沥青混合料为矿料级配中 4.75 mm 筛余量，对于公称最大粒径不大于 9.5 mm 的 SMA 混合料为 2.36 mm 筛余量，对特大粒径根据需要可以选择其他筛孔。

$\gamma_{ca}$ ——矿料中所有粗集料的合成毛体积密度，按式（6-26）计算，无量纲。

$$\gamma_{ca} = \frac{P_{1c} + P_{2c} + \cdots + P_{nc}}{\dfrac{P_{1c}}{\gamma_{1c}} + \dfrac{P_{2c}}{\gamma_{2c}} + \cdots + \dfrac{P_{nc}}{\gamma_{nc}}} \qquad (6\text{-}26)$$

$P_{1c}, \cdots, P_{nc}$ ——矿料中各种粗集料占矿料总质量的百分比（%）；

$\gamma_{1c}, \cdots, \gamma_{nc}$ ——矿料中各种粗集料毛体积相对密度。

**6. 试验报告**

应在试验报告中注明沥青混合料的类型及密度测定所采用的方法。

**7. 允许误差**

试件毛体积密度试验重复性的允许误差为 0.020 g/cm³。试件毛体积相对密度试验重复性的允许误差为 0.020。

## 6.2.2 压实沥青混合料密度试验（水中重法）

**1. 试验依据**

《公路工程沥青及沥青混合料试验规程》（JTG E20—2011）第 4 章沥青混合料试验 T 0706—2011 压实沥青混合料密度试验（水中重法）。

**2. 目的与适用范围**

（1）水中重法适用于测定吸水率小于 0.5% 的密实沥青混合料试件的表观相对密度或表观密度，标准温度为 25 ℃±0.5 ℃。

（2）当试件很密实，几乎不存在与外界连通的开口孔隙时，可采用本方法测定的表观相对密度代替前述表干法测定的毛体积相对密度，并据此计算沥青混合料试件的空隙率、矿料间隙率等各项体积指标。

**3. 仪器设备**

（1）浸水天平或电子秤：当最大称量在 3 kg 以下时，感量不大于 0.1 g；当最大称量在 3 kg 以上时，感量不大于 0.5 g。应有测量水中重的挂钩。

（2）网篮。

（3）溢流水箱：使用洁净水，有水位溢流装置，保持试件和网篮浸入水中后的水位一定。调整水温并保持在 25 ℃±0.5 ℃内。

（4）试验悬吊装置：天平下方悬吊网篮及试件的装置，吊线应采用不吸水的尼龙线绳，并有足够的长度。对轮碾成型的板块试件可用铁丝悬挂。

（5）秒表。

（6）电风扇或烘箱。

**4. 方法与步骤**

（1）选择适宜的浸水天平或电子秤，最大称量应满足试件质量的要求。

（2）除去试件表面的浮粒，称取干燥试件的空气中质量（$m_a$），根据选择的天平的感量读数，准确至 0.1 g 或 0.5 g。

（3）挂上网篮，浸入溢流水箱中，调节水位，将天平调平并复零，把试件置于网篮中（注意不要晃动水），待天平稳定后立即读数，称取水中质量（$m_w$）。若天平读数持续变化，不能在数秒内达到稳定，说明试件有吸水情况，不适用于此法测定，应改用表干法或蜡封法测定。

（4）对从施工现场钻取的非干燥试件，可先称取水中质量（$m_w$），然后用电风扇将试件吹干至恒重（一般不少于 12 h，当不需进行其他试验时，也可在 60 ℃±5 ℃ 烘箱中烘干至恒重），再称取空气中质量（$m_a$）。

**5. 计算**

（1）按式（6-27）、（6-28）计算用水中重法测定的沥青混合料试件的表观相对密度及表观密度，取 3 位小数。

$$\gamma_a = \frac{m_a}{m_a - m_w} \qquad (6-27)$$

$$\rho_a = \frac{m_a}{m_a - m_w} \times \rho_w \qquad (6-28)$$

式中：$\gamma_a$ ——在 25 ℃温度条件下试件的表观相对密度,无量纲;

$\rho_a$ ——在 25 ℃温度条件下试件的表观密度(g/cm³);

$m_a$ ——干燥试件的空气中质量(g);

$m_w$ ——试件的水中质量(g);

$\rho_w$ ——在 25 ℃温度条件下水的密度,取 0.997 1 g/cm³。

(2) 当试件吸水率小于 0.5% 时,以表观相对密度代替毛体积相对密度,按前述方法计算试件理论最大相对密度及空隙率、沥青体积百分率、矿料间隙率、粗集料骨架间隙率、沥青饱和度等各项体积指标。

**6. 试验报告**

应在试验报告中注明沥青混合料的类型及测定密度的方法。

## 6.2.3 沥青混合料马歇尔稳定度试验

**1. 试验依据**

《公路工程沥青及沥青混合料试验规程》(JTG E20—2011)第 4 章沥青混合料试验 T 0709—2011 沥青混合料马歇尔稳定度试验。

**2. 目的与适用范围**

(1) 本方法适用于马歇尔稳定度试验和浸水马歇尔稳定度试验,以进行沥青混合料的配合比设计或沥青路面施工质量检验。浸水马歇尔稳定度试验(根据需要,也可进行真空饱水马歇尔试验)供检验沥青混合料受水损害时抵抗剥落的能力时使用,通过测试其水稳定性检验配合比设计的可行性。

(2) 本方法适用于按试验规定成型的标准马歇尔圆柱体试件和大型马歇尔圆柱体试件。

**3. 仪器设备**

(1) 沥青混合料马歇尔稳定度仪:分为自动式和手动式。自动马歇尔试验仪应具备控制装置,记录荷载-位移曲线,自动测定荷载与试件的垂直变形,能自动显示和存储或打印试验结果等功能。手动式由人工操作,试验数据通过操作者目测后读取,如图 6-7 所示。

对于高速公路和一级公路的沥青混合料宜采用自动马歇尔试验仪。

① 当集料公称最大粒径小于或等于 26.5 mm 时,宜采用 $\phi$ 101.6 mm × 63.5 mm 的标准马歇尔试件,试验仪的最大荷载不小于 25 kN,读数准确至 0.1 kN,加载速率应能保持 50 mm/min±5 mm/min。钢球直径 16 mm±0.05 mm,上下压

头曲率半径为 50.8 mm±0.08 mm。

② 当集料公称最大粒径大于 26.5 mm 时,宜采用 $\phi$ 152.4 mm×95.3 mm 大型马歇尔试件,试验仪最大荷载不得小于 50 kN,读数准确至 0.1 kN,上、下压头的曲率内径为 $\phi$ 152.4 mm±0.2 mm,上、下压头间距 19.05 mm±0.1 mm。大型马歇尔试件的压头尺寸如图 6-8 所示。

(2)恒温水槽:控温准确至为 1 ℃,深度不小于 150 mm。

图 6-7　马歇尔稳定度试验仪

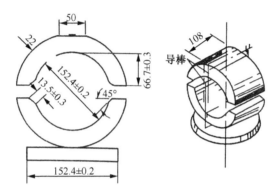

图 6-8　大型马歇尔试验的压头(尺寸单位: mm)

(3)真空饱水容器:包括真空泵及真空干燥器。

(4)烘箱。

(5)天平:感量不大于 0.1 g。

(6)温度计:分度值为 1 ℃。

(7)卡尺。

(8)其他:棉纱、黄油。

**4. 标准马歇尔试验方法**

(1)准备工作

① 按 6.1 节标准击实法成型马歇尔试件,标准马歇尔尺寸应符合直径 101.6 mm±0.2 mm、高 63.5 mm±1.3 mm 的要求。对大型马歇尔试件,尺寸应符合直径 152.4 mm±0.2 mm、高 95.3 mm±2.5 mm 的要求。一组试件的数量最

少不得少于 4 个,并符合 6.1 节试验的规定。

② 量测试件的直径及高度:用卡尺测量试件中部的直径,用马歇尔试件高度测定器或用卡尺在十字对称的 4 个方向量测离试件边缘 10 mm 处的高度,准确至 0.1 mm,并以其平均值作为试件的高度。如试件高度不符合 63.5 mm± 1.3 mm 或 95.3 mm±2.5 mm 要求或两侧高度差大于 2 mm,则此试件作废。

③ 按前述方法测定试件的密度,并计算空隙率、沥青体积百分率、沥青饱和度、矿料间隙率等体积指标。

④ 将恒温水槽调节至要求的试验温度,对黏稠石油沥青或烘箱养护过的乳化沥青混合料为 60 ℃±1 ℃,对煤沥青混合料为 33.8 ℃±1 ℃,对空气养护的乳化沥青或液体沥青混合料为 25 ℃±1 ℃。

(2)试验步骤

① 将试件置于已达规定温度的恒温水槽中保温,保温时间对标准马歇尔试件需 30~40 min,对大型马歇尔试件需 45~60 min。试件之间应有间隔,底下应垫起,离容器底部不小于 5 cm。

② 将马歇尔试验仪的上、下压头放入水槽或烘箱中达到同样温度。将上、下压头从水槽或烘箱中取出擦拭干净内面。为使上、下压头滑动自如,可在下压头的导棒上涂少量黄油。再将试件取出置于下压头上,盖上上压头,然后装在加载设备上。

③ 在上压头的球座上放妥钢球,并对准荷载测定装置的压头。

④ 当采用自动马歇尔试验仪时,将自动马歇尔试验仪的压力传感器、位移传感器与计算机或 X-Y 记录仪正确连接,调整好适宜的放大比例,压力和位移传感器调零。

⑤ 当采用压力环和流值计时,将流值计安装在导棒上,使导向管轻轻地压住上压头,同时将流值计的读数调零。调整应力环中百分表,对零。

⑥ 启动加载设备,使试件承受荷载,加载速度为 50 mm/min±5 mm/min。计算机或 X-Y 记录仪自动记录传感器压力和试件变形曲线并将数据自动存入计算机。

⑦ 当荷载达到最大值的瞬间,取下流值计,同时读取压力环中百分表读数及流值计的流值读数。

⑧ 从恒温水槽中取出试件至测出最大荷载值的时间,不得超过 30 s。

**5. 浸水马歇尔试验方法**

浸水马歇尔试验方法与标准马歇尔试验方法的不同之处在于,试件在已达规定温度恒温水槽中的保温时间为 48 h,其余均与标准马歇尔试验方法相同。

**6. 真空饱水马歇尔试验方法**

试件先放入真空干燥器中,关闭进水胶管,开动真空泵,使干燥器的真空度达到 97.3 kPa(730 mmHg)以上,维持 15 min,然后打开进水胶管,靠负压进入冷水流使试件全部浸入水中,浸水 15 min 后恢复常压,取出试件再放入已达规定温度的恒温水槽中保温 48 h,其余均与标准马歇尔试验方法相同。

**7. 计算**

(1)试件的稳定度及流值

① 当采用自动马歇尔试验仪时,将计算机采集的数据绘制成压力和试件变形曲线,或由 X-Y 记录仪自动记录的荷载-变形曲线,按图 6-9 所示的方法在切线方向延长曲线与横坐标相交于 $O_1$,将 $O_1$ 作为修正原点,从 $O_1$ 起量取相应于最大荷载值时的变形作为流值($FL$),以 mm 计,准确至 0.1 mm。最大荷载即为稳定度($MS$),以 kN 计,准确至 0.01 kN。

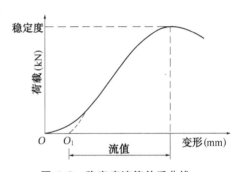

图 6-9 稳定度流值关系曲线

② 采用应力环和流值计测定时,根据压力环标定曲线,将压力环中百分表读数换算为荷载值,或者由荷载测定装置读取的最大值即为试样的稳定度($MS$),以 kN 计,准确至 0.01 kN。由流值计及位移传感器测定装置读取的试件垂直变形,即为试件的流值($FL$),以 mm 计,准确至 0.1 mm。

(2)试件的马歇尔模数按式(6-29)计算。

$$T = \frac{MS}{FL} \qquad (6\text{-}29)$$

式中:$T$——试件的马歇尔模数(kN/mm);

$MS$——试件的稳定度(kN);

$FL$——试件的流值(mm)。

(3)试件的浸水残留稳定度按式(6-30)计算。

$$MS_0 = \frac{MS_1}{MS} \times 100 \qquad (6-30)$$

式中：$MS_0$—— 试件的浸水残留稳定度(%)；

$MS_1$—— 试件浸水 48 h 以后的稳定度(kN)。

(4) 试件的真空饱水残留稳定度按式(6-31)计算。

$$MS_0' = \frac{MS_2}{MS} \times 100 \qquad (6-31)$$

式中：$MS_0'$—— 试件的真空饱水残留稳定度(%)；

$MS_2$—— 试件真空饱水后浸水 48 h 后的稳定度(kN)。

**8. 试验报告**

(1) 当一组测定值中某个测定值与平均值之差大于标准差的 $k$ 倍时，该测定值应予以舍去，并以其余测定值的平均值作为试验结果。当试件数目 $n$ 为 3、4、5、6 个时，$k$ 值分别为 1.15、1.46、1.67、1.82。

(2) 报告中需列出马歇尔稳定度、流值、马歇尔模数，以及试件尺寸、密度、空隙率、沥青用量、沥青体积百分率、沥青饱和度、矿料间隙率等各项物理指标。当采用自动马歇尔试验时，试验结果应附上荷载-变形曲线原件或自动打印结果。

**表 6-5　沥青混合料马歇尔稳定度试验记录表**

| 委托单位 | | 试验单位 | |
|---|---|---|---|
| 委托单编号 | | 试验规程 | |
| 工程部位 | | 温度、湿度 | |
| 试样描述 | | 试验日期 | |

| 沥青种类 | | 沥青密度(g/cm³) | | 击实次数 | |
|---|---|---|---|---|---|
| 混合料类型 | | 矿料密度(g/cm³) | | 击实温度(℃) | |
| | | 矿料配比(%) | | | |

| 试件编号 | 油石比(%) | 试件高度(cm) | | | | | 空气中重(g) | 表干重(g) | 水中重(g) | 试件体积(cm³) | 表观密度(g/cm³) | | 沥青体积百分率(%) | 空隙率(%) | 矿料间隙率(%) | 饱和度(%) | 稳定度(kN) | 流值(mm) | 马氏模数 |
|---|---|---|---|---|---|---|---|---|---|---|---|---|---|---|---|---|---|---|---|
| | | 1 | 2 | 3 | 4 | 平均值 | | | | | 实测 | 理论 | | | | | | | |
| 1 | | | | | | | | | | | | | | | | | | | |
| 2 | | | | | | | | | | | | | | | | | | | |

（续表 6-5）

| 试件编号 | 油石比（%） | 试件高度（cm） | | | | | 空气中重（g） | 表干重（g） | 水中重（g） | 试件体积（cm³） | 表观密度（g/cm³） | | 沥青体积百分率（%） | 空隙率（%） | 矿料间隙率（%） | 饱和度（%） | 稳定度（kN） | 流值（mm） | 马氏模数 |
|---|---|---|---|---|---|---|---|---|---|---|---|---|---|---|---|---|---|---|---|
| | | 1 | 2 | 3 | 4 | 平均值 | | | | | 实测 | 理论 | | | | | | | |
| 3 | | | | | | | | | | | | | | | | | | | |
| 4 | | | | | | | | | | | | | | | | | | | |
| 5 | | | | | | | | | | | | | | | | | | | |
| 6 | | | | | | | | | | | | | | | | | | | |
| 试验结果 | | | | | | | | | | | | | | | | | | | |

试验者：　　　　　　　　　审核者：　　　　　　　　技术负责人：

# 6.3　复习思考题

1. 试件成型方法有几种（至少回答 3 种以上）？

2. 马歇尔试件（标准和大型）成型时试件的高度要求是多少？

3. 普通沥青和改性沥青混合料拌和及压实温度大致范围是多少？

4. 标准马歇尔试件在 60 ℃±1 ℃恒温水槽中的保温时间是多少？

5. 浸水马歇尔试件保温时间是多少？

6. 马歇尔稳定度试验时加荷速率应保持多少？

7. 马歇尔稳定度试验报告需列出哪几项主要技术指标？

# 第七章　无机结合料稳定材料试验

## 试验内容及学习要求

本章选编了无机结合料稳定材料击实试验及抗压强度试验。要求学生通过试验学习的知识点：①掌握无机结合料稳定材料击实及试件的制备方法；②掌握抗压强度的测定方法；③通过试验能确定无机结合料稳定材料的配合比设计方法。

## 7.1　无机结合料稳定材料击实试验

### 1. 试验依据

《公路工程无机结合料稳定材料试验规程》(JTG E51—2009)第4章无机结合料稳定材料的取样、成型和养生试验 T 0804—1994 无机结合料稳定材料击实试验方法。

### 2. 适用范围

（1）本方法适用于在规定的试筒内,对水泥稳定材料（在水泥水化前）、石灰稳定材料及石灰（或水泥）粉煤灰稳定材料进行击实试验,以绘制稳定材料的含水量-干密度关系曲线,从而确定其最佳含水量及最大干密度。

（2）试验集料的公称最大粒径宜控制在 37.5 mm 以内（方孔筛）。

（3）试验方法类别。本试验方法分三类,各类击实方法的主要参数列于表7-1。

表 7-1　试验方法类别表

| 类别 | 锤的质量(kg) | 锤击面直径(cm) | 落高(cm) | 试筒尺寸 | | | 锤击层数 | 每层击实次数 | 平均单位击实功(J) | 容许最大公称粒径(mm) |
|---|---|---|---|---|---|---|---|---|---|---|
| | | | | 内径(cm) | 高(cm) | 容积(cm³) | | | | |
| 甲 | 4.5 | 5.0 | 45 | 10.0 | 12.7 | 997 | 5 | 27 | 2.687 | 19.0 |
| 乙 | 4.5 | 5.0 | 45 | 15.2 | 12.0 | 2 177 | 5 | 50 | 2.687 | 19.0 |
| 丙 | 4.5 | 5.0 | 45 | 15.2 | 12.0 | 2 177 | 3 | 98 | 2.677 | 37.5 |

### 3. 仪器设备

（1）击实筒：小型，内径 100 mm、高 127 mm 的金属圆筒，套环高 50 mm，底座；大型，内径 152 mm、高 170 mm 的金属圆筒，套环高 50 mm，直径 151 mm 和高 50 mm 的筒内垫块，底座，如图 7-1 所示。

（2）多功能自控电动击实仪：击锤的底面直径 50 mm，总质量 4.5 kg。击锤在导管内的总行程为 450 mm。可设置击实次数，并保证击锤自由垂直落下，落高应为 450 mm，锤迹均匀分布于试样面，如图 7-2 所示。

（3）电子天平：量程 4 000 g，感量 0.01 g。

图 7-1　手动击实仪　　　　图 7-2　电动击实仪

（4）电子天平：量程 15 kg，感量 0.1 g。

（5）方孔筛：孔径 53 mm、37.5 mm、26.5 mm、19 mm、4.75 mm、2.36 mm 的筛各 1 个。

（6）量筒：50 mL、100 mL 和 500 mL 的量筒各 1 个。

（7）直刮刀：长 200～250 mm、宽 30 mm 和厚 3 mm，一侧开口的直刮刀，用以刮平和修饰粒料大试件的表面。

（8）刮土刀：长 150～200 mm、宽约 20 mm 的刮刀，用以刮平和修饰小试件的表面。

（9）工字形刮平尺：30 mm×50 mm×310 mm，上、下两面和侧面均刨平。

（10）拌和工具：约 400 mm×600 mm×70 mm 的长方形金属盘、拌和用平头小铲等。

（11）脱模器。

（12）测定含水量的铝盒、烘箱等其他用具。

（13）游标卡尺。

**4. 试验准备**

（1）将具有代表性的风干试料（必要时也可以在 50 ℃烘箱内烘干）用木锤捣碎或用木碾碾碎。土团均应破碎到能通过 4.75 mm 的筛孔。但应注意不使粒料的单个颗粒破碎或不使其破碎程度超过施工中拌和机械的破碎率。

（2）如试料是细粒土,将已破碎的具有代表性的土过 4.75 mm 筛备用（用甲法或乙法做试验）。

（3）如试料中含有粒径大于 4.75 mm 的颗粒,则先将试料过 19 mm 筛;如存留在 19 mm 筛上颗粒的含量不超过 10%,则过 26.5 mm 筛,留作备用（用甲法或乙法做试验）。

（4）如试料中粒径大于 19 mm 的颗粒含量超过 10%,则将试料过 37.5 mm 筛;如果存留在 37.5 mm 筛上的颗粒含量不超过 10%,则过 53 mm 的筛备用（用丙法试验）。

（5）每次筛分后,均应记录超尺寸颗粒的百分率 $P$。

（6）在预做击实试验的前一天,取有代表性的试料测其风干含水量。对于细粒土,试样应不少于 100 g;对于中粒土,试样应不少于 1 000 g;对于粗粒土的各种集料,试样应不少于 2 000 g。

（7）在试验前用游标卡尺准确测量试模的内径、高和垫块的厚度,以计算试筒的容积。

**5. 试验步骤**

（1）准备工作

在试验前应将试验所需的各种仪器设备准备齐全,测量设备应满足精度要求;调试击实仪,检查其运转是否正常。

（2）甲法

① 将已筛分的试样用四分法逐次分小,至最后取出 10～15 kg 试料。再用四分法将已取出的试料分成 5～6 份,每份试料的干质量为 2.0 kg（对于细粒土）或 2.5 kg（对于各种中粒土）。

② 预定 5～6 个不同含水量,依次相差 0.5%～1.5%,且其中至少有两个大于和两个小于最佳含水量。

需要注意的是,对于中、粗粒土,在最佳含水量附近取 0.5%,其余取 1%。对于细粒土,取 1%,但对于黏土,特别是重黏土,可能需要取 2%。

③ 按预定含水量制备试样。将 1 份试料平铺于金属盘内,将事先计算的该份试料应加的水量均匀地喷洒在试料上,用小铲将试料充分拌和到均匀状态(如为石灰稳定材料、石灰粉煤灰综合稳定材料、水泥粉煤灰综合稳定材料和水泥、石灰综合稳定材料,可将石灰、粉煤灰和试料一起拌匀),然后装入密闭容器或塑料袋内浸润备用。

浸润时间要求:黏质土 12~24 h,粉质土 6~8 h,砂类土、红土砂砾、级配砂砾等可以缩短到 4 h 左右,含土很少的未筛分碎石、砂砾和砂可缩短到 2 h。浸润时间一般不超过 24 h。

应加水量可按式(7-1)计算。

$$m_w = \left(\frac{m_n}{1+0.01w_n} + \frac{m_c}{1+0.01w_c}\right) \times 0.01w - \frac{m_n}{1+0.01w_n}$$
$$\times 0.01w_n - \frac{m_c}{1+0.01w_c} \times 0.01w_c \tag{7-1}$$

式中: $m_w$ ——混合料中应加的水量(g);

　　　$m_n$ ——混合料中素土(或集料)的质量(g);其原始含水量为 $w_n$,即风干含水量(%);

　　　$m_c$ ——混合料中水泥或石灰质量(g);其原始含水量为 $w_c$(%);

　　　$w$ ——要求达到的混合料的含水量(%)。

④ 将所需要的稳定剂水泥加到浸润后的试样中,并用小铲、泥刀或其他工具充分拌和到均匀状态。水泥应在土样击实前逐个加入。加有水泥的试验拌和后,应在 1 h 内完成下述击实试验。拌和后超过 1 h 的试样应予作废(石灰稳定材料和粉煤灰稳定材料除外)。

⑤ 试筒套环与击实底板应紧密联结。将击实筒放在坚实地面上,用四分法取制备好的试样 400~500 g(其量应使击实后的试样等于或略高于试筒 1/5)倒入筒内,整平其表面并稍加压紧,然后将其安装到多功能自控电动击实仪上,设定所需锤击次数,进行第 1 层试样的击实。第 1 层击实完后,检查该层高度是否合适,以便调整以后几层的试样用量。用刮刀或螺丝刀将已击实层的表面"拉毛",然后重复上述做法,进行其余 4 层试样的击实。最后一层试样击实后,试样超出筒顶的高度不得大于 6 mm,超出高度过大的试件应作废。

⑥ 用刮土刀沿套环内壁削挖(使试件与套环脱离)后,扭动并取下套环。齐

筒顶细心刮平试样,并拆除底板。如试样底面略突出筒外或有孔洞,则应细心刮平或修补。最后用工字形刮平尺齐筒顶或筒底将试样刮平。擦拭试筒的外壁,称其质量 $m_1$。

⑦ 用脱模器推出筒内试样。从试样内部从上至下取两个有代表性的样品(可将脱出试件用锤打碎后,用四分法采取),测定其含水量,计算至 0.1%。两个试样的含水量的差值不得大于 1%。所取样品数量应符合表 7-2(如只取一个样品测定含水量,则样品的质量应为表列数值的两倍)。擦净试筒,称其质量 $m_2$。

表 7-2　测稳定材料含水量的样品数量

| 公称最大粒径(mm) | 样品质量(g) |
| --- | --- |
| 2.36 | 约 50 |
| 19 | 约 300 |
| 37.5 | 约 1 000 |

烘箱的温度应事先调整到 110 ℃ 左右,以使放入的试样能立即在 105～110 ℃ 的温度下烘干。

⑧ 按上述②～⑦的步骤进行其余含水量下稳定材料的击实和测定工作。凡已用过的试样,一律不再重复使用。

(3) 乙法

在缺乏内径 10 cm 的试筒时,以及在需要与承载比等试验结合起来进行时,采取乙法进行击实试验。本法适宜于公称最大粒径达 19 mm 的集料。

① 将已过筛的试料用四分法逐次分小,至最后取出约 30 kg 试料。再用四分法将所取的试料分成 5～6 份,每份试料的干质量约为 4.4 kg(细粒土)或 5.5 kg(中粒土)。

② 以下各步的做法与上述甲法②～⑦相同,但应先将垫块放入筒内底板上,然后加料并击实。所不同的是,每层需取制备好的试样约 900 g(对于水泥或石灰稳定细粒土)或 1 100 g(对于稳定中粒土),每层击实次数为 59 次。

(4) 丙法

① 将已经过筛的试料用四分法逐次分小,至最后取约 33 kg 试料。再用四分法将所取的试料分成 6 份(至少要 5 份),每份质量约为 5.5 kg(风干质量)。

② 预定 5～6 个不同含水量,依次相差 0.5%～1.5%。在估计最佳含水量左

右可只差 0.5%~1.0%。

需要注意的是,对于水泥稳定类材料,在最佳含水量附近取 0.5%;对于石灰、二灰稳定类材料,根据具体情况在最佳含水量附近取 1%。

③ 同试验步骤甲法中③内容。

④ 同试验步骤甲法中④内容。

⑤ 将试筒、套环与夯击底板紧密地连接在一起,并将垫块放在筒内底板上。击实筒应放在坚实地面上,取制备好的试样 1.8 kg 左右倒入筒内,其量应使击实后的试样略高于(高出 1~2 mm)筒高 1/3,倒入筒内,整平其表面,并稍加压紧。然后将其安装到多功能自控电动击实仪上,设定所需击实次数,进行第一层试样的击实。第一层击实完成后检查该层的高度是否合适,以便调整以后两层的试样用量。用刮土刀或螺丝刀将已击实的表面"拉毛",然后重复上述做法,进行其余两试样的击实。最后一层击实后,试样超出试筒顶的高度不得大于 6 mm。超出高度过大的试件应作废。

⑥ 用刮土刀沿套环内壁削挖(使试样与套环脱离),扭动并取下套环。齐筒顶细心刮平试样,并拆除底板,取走垫块。擦净试筒外壁,称其质量 $m_1$。

⑦ 用脱模器推出试样。从试样内部由上至下取两个有代表性的样品(可将脱出试件用锤打碎后,用四分法采取),测定其含水量,计算至 0.1%。两个试样的含水量的差值不得大于 1%。所取样品数量应不少于 700 g,如只取一个样品测定含水量,则样品数量应不少于 1 400 g。烘箱的温度应事先调整到 110 ℃左右,以使放入的试样能立即在 105~110 ℃的温度下烘干。擦净试筒,称其质量 $m_2$。

⑧ 按上述方法③~⑦进行其余含水量下稳定材料的击实和测定。凡已用过的试料,一律不再重复使用。

**6. 计算**

(1) 稳定材料湿密度计算

按式(7-2)计算每次击实后稳定材料的湿密度。

$$\rho_w = \frac{m_1 - m_2}{V} \tag{7-2}$$

式中:$\rho_w$ ——稳定材料的湿密度(g/cm³);

$m_1$ ——试筒与试样的总质量(g);

$m_2$ ——试筒的质量(g);

$V$ ——试筒的容积(cm³)。

（2）稳定材料的干密度计算

按式（7-3）计算每次击实后稳定材料的干密度。

$$\rho_{\mathrm{d}} = \frac{\rho_w}{1 + 0.01w} \tag{7-3}$$

式中：$\rho_{\mathrm{d}}$——试样的干密度（g/cm³）；

　　　$w$——试样的含水量（%）。

（3）制图

① 以干密度为纵坐标、含水量为横坐标，绘制含水量-干密度曲线。曲线必须为凸形，如试验点不足以连成完整的凸形曲线，则应该进行补充试验。

② 将试验各点采用二次曲线方法拟合曲线，曲线的峰值点对应的含水量及干密度即为最佳含水量和最大干密度，如图7-3所示。

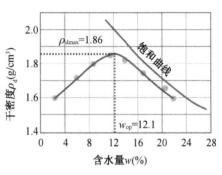

图 7-3　击实曲线

（4）超尺寸颗粒的校正

当试样中大于规定最大粒径的超尺寸颗粒的含量为 5%～30% 时，按下列各式对试验所得最大干密度和最佳含水量进行校正（超尺寸颗粒的含量小于 5% 时，可以不进行校正）。

① 最大干密度按式（7-4）校正：

$$\rho'_{\mathrm{dm}} = \rho_{\mathrm{dm}}(1 - 0.01p) + 0.9 \times 0.01p G'_{\mathrm{a}} \tag{7-4}$$

式中：$\rho'_{\mathrm{dm}}$——校正后的最大干密度（g/cm³）；

　　　$\rho_{\mathrm{dm}}$——试验所得的最大干密度（g/cm³）；

　　　$p$——试样中超尺寸颗粒的百分率（%）；

　　　$G'_{\mathrm{a}}$——超尺寸颗粒的毛体积相对密度。

② 最佳含水量按式（7-5）校正：

$$w'_0 = w_0(1 - 0.1p) + 0.01p w_{\mathrm{a}} \tag{7-5}$$

式中：$w'_0$——校正后的最佳含水量（%）；

　　　$w_0$——试验所得的最佳含水量（%）；

　　　$p$——试样中超尺寸颗粒的百分率（%）；

$w_a$——超尺寸颗粒的吸水率(%)。

需要注意的是,超尺寸颗粒小于5%时,它对最大干密度的影响位于平行试验的误差范围内。

### 7. 结果整理

(1) 应做两次平行试验,取两次平行试验的平均值作为最大干密度和最佳含水量。两次重复性试验最大干密度的差不应超过 0.05 g/cm³(稳定细粒土)和 0.08 g/cm³(稳定中粒土和粗粒土),最佳含水量的差应不超过 0.5%(最佳含水量小于10%)和 1%(最佳含水量大于10%)。超过上述规定值,应重做试验,直到满足精度要求。

(2) 混合料密度计算应保留小数点后3位有效数字,含水量应保留小数点后1位有效数字。

### 8. 试验报告

试验报告应包括以下内容:

(1) 试样的最大粒径、超尺寸颗粒的百分率;

(2) 无机结合料类型及剂量;

(3) 所用试验方法类别;

(4) 最大干密度(g/cm³);

(5) 最佳含水量(%),并附击实曲线。

表 7-3　稳定材料击实试验记录表

| 工程名称 | | | | 结合料含水量(%) | | | |
|---|---|---|---|---|---|---|---|
| 试样编号 | | | | 试验方法 | | | |
| 混合料名称 | | | | 试验者 | | | |
| 结合料剂量(%) | | | | 校核者 | | | |
| 集料含水量(%) | | | | 试验日期 | | | |
| 试验序号 | | 1 | 2 | 3 | 4 | 5 | 6 |
| 干密度 | 加水量(g) | | | | | | |
| | 筒+湿试样的质量(g) | | | | | | |
| | 筒的质量(g) | | | | | | |
| | 试样的湿质量(g) | | | | | | |
| | 湿密度(g/cm³) | | | | | | |
| | 干密度(g/cm³) | | | | | | |

（续表 7-3）

| 试验序号 | | 1 | 2 | 3 | 4 | 5 | 6 |
|---|---|---|---|---|---|---|---|
| 含水量 | 盒号 | | | | | | |
| | 盒＋湿试样的质量(g) | | | | | | |
| | 盒＋干试样的质量(g) | | | | | | |
| | 盒的质量(g) | | | | | | |
| | 水的质量(g) | | | | | | |
| | 干试样的质量(g) | | | | | | |
| | 含水量(%) | | | | | | |
| | 平均含水量(%) | | | | | | |

# 7.2 无机结合料稳定材料抗压强度试验

## 7.2.1 无机结合料稳定材料的无侧限抗压强度试件制备与养生

### 1. 试验依据

《公路工程无机结合料稳定材料试验规程》(JTG E51—2009)第 4 章无机结合料稳定材料的取样、成型和养生试验 T 0843—2009 无机结合料稳定材料试件制作方法(圆柱形)。

### 2. 目的和适用范围

本试验方法适用于测定无机结合料稳定土(包括细粒土、中粒土和粗粒土)试件的无侧限抗压强度。本试验方法包括：按照预定的干密度静压法制备试件以及用锤击法成型试件。试件都是高∶直径＝1∶1的圆柱体。应尽可能采用静压法制备等干密度的试件。

其他稳定材料或综合稳定土的抗压强度试验应参照本方法。

### 3. 仪器设备

(1) 方孔筛：孔径 53 mm、37.5 mm、31.5 mm、26.5 mm、4.75 mm 和 2.36 mm 的筛各 1 个。

(2) 试模：细粒土,试模的直径×高＝$\phi$ 50 mm×50 mm;中粒土,试模的直径×高＝$\phi$ 100 mm×100 mm;粗粒土,试模的直径×高＝$\phi$ 150 mm×150 mm。

(3) 电动脱模器。

（4）反力架：反力为 400 kN 以上。

（5）液压千斤顶：200～1 000 kN。

（6）钢板尺：量程 200 mm 或 300 mm，最小刻度 1 mm。

（7）游标卡尺：量程 200 mm 或 300 mm。

（8）电子天平：量程 15 kg，感量 0.1 g；量程 4 000 g，感量 0.01 g。

（9）压力试验机：可替代千斤顶和反力架，量程不小于 2 000 kN，行程、速度可调。

**4. 试验准备**

（1）试件的径高比一般为 1∶1，根据需要也可成型 1∶1.5 或 1∶2 的试件。试件的成型根据需要的压实度水平，按照体积标准，采用静力压实法制备。

（2）将具有代表性的风干试料（必要时，可以在 50℃烘箱内烘干），用木锤捣碎或用木碾碾碎，但应避免破坏粒料的原粒径。按照公称最大粒径的大一级筛，将土过筛并进行分类。

（3）在预定做试验的前一天，取有代表性的试料测定其风干含水量。对于细粒土，试样应不少于 100 g；对于中粒土，试样应不少于 1 000 g；对于粗粒土，试样应不少于 2 000 g。

（4）按照 7.1 节内容确定无机结合料稳定材料的最佳含水量和最大干密度。

（5）根据击实结果，称取一定质量的风干土，其质量随试件大小而变。对 $\phi$ 50 mm×50 mm 的试件，1 个试件约需干土 180～210 g；对于 $\phi$ 100 mm×100 mm 的试件，1 个试件约需干土 1 700～1 900 g；对于 $\phi$ 150 mm×150 mm 的试件，1 个试件约需干土 5 700～6 000 g。对于细粒土，一次可称取 6 个试件的土；对于中粒土，一次宜称取一个试件的土；对于粗粒土，一次只称取一个试件的土。

（6）将准备好的试料分别装入塑料袋中备用。

**5. 试验步骤**

（1）调试，抹机油。成型中、粗粒土时，试模筒的数量应与每组试件的个数相配套。上下垫块应与试模筒相配套，上下垫块能够刚好放入试筒内上下自由移动（一般来说，上下垫块直径比试筒内径小约 0.2 mm）且上下垫块完全放入试筒后，试筒内未被上下垫块占用的空间体积能满足径高比为 1∶1 的设计要求。

（2）对于无机结合料稳定细粒土，至少应该制备 6 个试件；对于无机结合料稳定中粒土和粗粒土，至少应该分别制备 9 个和 13 个试件。

（3）根据击实结果和无机结合料的配合比按式（7-6）计算每份料的加水量、

无机结合料的质量。

$$Q_w = \left(\frac{Q_n}{1+0.01w_n} + \frac{Q_c}{1+0.01w_c}\right) \times 0.01w - \frac{Q_n}{1+0.01w_n}$$

$$\times 0.01w_n - \frac{Q_c}{1+0.01w_c} \times 0.01w_c \tag{7-6}$$

式中：$Q_w$—— 混合料中应加的水量(g)；

$Q_n$—— 混合料中素土(或集料)的质量(g)；

$w_n$—— 素土(或集料)的风干含水量(%)；

$Q_c$—— 混合料中水泥或石灰的质量(g)；

$w_c$—— 水泥或石灰的原始含水量(g)；通常水泥的含水量很小可以忽略不计；

$w$ —— 要求达到的混合料的含水量(%)。

(4) 将称好的土放在长方盘(约 400 mm×600 mm×70 mm)内。向土中加水拌料、闷料。石灰稳定材料、水泥和石灰综合稳定材料、石灰粉煤灰综合稳定材料、水泥粉煤灰综合稳定材料，可将石灰或粉煤灰和土一起拌和，将拌和均匀后的试料放在密闭容器或塑料袋(封口)内浸润备用。

对于细粒土(特别是黏性土)，浸润时的含水量应比最佳含水量小 3%；对于中粒土和粗粒土，可按最佳含水量加水；对于水泥稳定类材料，加水量应比最佳含水量小 1%～2%。

浸润时间要求为：黏质土 12～24 h，粉质土 6～8 h，砂性土、砂砾土、红土砂砾、级配砂砾等可缩短到 4 h 左右；含土很少的未筛分碎石、砂砾及砂可以缩短到 2 h。浸润时间一般不超过 24 h。

(5) 在试件成型前 1 h 内，加入预定数量的水泥或石灰并拌和均匀。在拌和过程中，应将预留的水(对于细粒土为 3%，对于水泥稳定类为 1%～2%)加入土中，使混合料的含水量达到最佳含水量。拌和均匀的加有水泥的混合料应在 1 h 内按下述方法制成试件，超过 1 h 的混合料应该作废。其他结合料稳定土，混合料虽不受此限制，但也应尽快制成试件。

(6) 用反力架和液压千斤顶，或采用压力试验机制件。

将试模配套的下垫块放入试模的下部，但应外露 2 cm 左右。将称量的规定数量 $m_2$(g)的稳定土混合料分 2～3 次灌入试模中(利用漏斗)，每次灌入后用夯棒轻轻均匀捣实。如制的是 $\phi$ 50 mm×50 mm 的小试件，则可以将混合料一次倒入试模中。然后将与试模配套的上垫块放入试模内，也应使其也外露 2 cm 左右

（即上下垫块露出试模外的部分应相等）。

（7）将整个试模（连同上下垫块）放到反力框架内的千斤顶上（千斤顶下应放一扁球座），加压直至上下压住都压入试模为止，维持压力 2 min。

（8）解除压力后，取下试模，并放到脱模器上将试件顶出。用水泥稳定有黏结性的材料（如黏质土）时，制件后可以立即脱模；用水泥稳定无黏结性细粒土时，最好过 2～4 h 再脱模；对于中、粗粒土的无机结合料稳定材料，也最好过 2～6 h 脱模。

（9）在脱模器上取试件时，应用双手抱住试件侧面的中下部，然后沿水平方向轻轻旋转，待感觉到试件移动后，再将试件轻轻捧起，放置到试验台上。切勿直接将试件向上捧起。

（10）称试件的质量 $m_2$，小试件准确至 0.01 g；中试件准确至 0.01 g；大试件准确至 0.1 g。然后用游标卡尺量试件的高度 $h$，准确至 0.1 mm。检查试件的高度和质量，不满足成型标准的试件作为废件。

（11）试件称量后应立即放在塑料袋中封闭，并用潮湿的毛巾覆盖，移至养生室。

**6. 计算**

单个试件的标准质量：

$$m_0 = V \times \rho_{\max} \times (1 + \omega_{\mathrm{opt}}) \times \gamma \tag{7-7}$$

考虑到试件成型过程中的质量损耗，实际操作过程中每个试件的质量可增加 0～2%，即：

$$m_0' = m_0 \times (1 + \delta) \tag{7-8}$$

每个试件的干料（包括干土和无机结合料）总质量：

$$m_1 = \frac{m_0'}{1 + \omega_{\mathrm{opt}}} \tag{7-9}$$

每个试件中的无机结合料质量：

$$外掺法 \ m_2 = m_1 \times \frac{\alpha}{1 + \alpha} \tag{7-10}$$

$$内掺法 \ m_2 = m_1 \times \alpha \tag{7-11}$$

每个试件中的干土质量：

$$m_3 = m_1 - m_2 \tag{7-12}$$

每个试件中的加水量：

$$m_w = (m_2 + m_3) \times \omega_{opt} \tag{7-13}$$

验算：

$$m_0' = m_2 + m_3 + m_w \tag{7-14}$$

式中：$V$——试件体积（$cm^3$）；

$\omega_{opt}$——混合料最佳含水量（%）；

$\rho_{max}$——混合料最大干密度（$g/cm^3$）；

$\gamma$——混合料压实度标准（%）；

$m_0$、$m_0'$——混合料质量（g）；

$m_1$——干混合料质量（g）；

$m_2$——无机结合料质量（g）；

$m_3$——干土质量（g）；

$\delta$——计算混合料质量的冗余量（%）；

$\alpha$——无机结合料的掺量（%）；

$m_w$——加水质量（g）。

**7. 结果整理**

（1）小试件的高度误差范围应为$-0.1\sim0.1$ cm，中试件的高度误差范围应为$-0.1\sim0.15$ cm，大试件的高度误差范围应为$-0.1\sim0.2$ cm。

（2）质量损失：小试件应不超过标注质量 5 g，中试件应不超过 25 g，大试件应不超过 50 g。

**8. 试验记录**

本试验的记录格式如表 7-4 所示。

表 7-4　稳定材料圆柱形试件成型记录表

| 工程名称 | | 混合料名称 | |
|---|---|---|---|
| 土质类型 | | 结合料类型及剂量（%） | |
| 最佳含水量（%） | | 最大干密度（$g/cm^3$） | |
| 试件压实度（%） | | 试件标准质量（g） | |
| 试验人员 | | 试验日期 | |

| 编号 | 直径(mm) | | | | 高度(mm) | | | | 质量(g) | 误差(g) |
|---|---|---|---|---|---|---|---|---|---|---|
| | 1 | 2 | 3 | 平均 | 1 | 2 | 3 | 平均 | | |
| 1 | | | | | | | | | | |
| 2 | | | | | | | | | | |
| 3 | | | | | | | | | | |
| 4 | | | | | | | | | | |
| 5 | | | | | | | | | | |
| 6 | | | | | | | | | | |

### 7.2.2　无机结合料稳定材料抗压强度试验方法

**1. 试验依据**

《公路工程无机结合料稳定材料试验规程》(JTG E51—2009)第 5 章无机结合料稳定材料的物理、力学试验 T 0805—1994 无机结合料稳定材料无侧限抗压强度试验方法。

**2. 目的和适用范围**

本试验方法适用于测定无机结合料稳定土(包括细粒土、中粒土和粗粒土)试件的无侧限抗压强度。

**3. 仪器设备**

(1)标准养护室如图 7-4 所示。

(2)水槽:深度应大于试件高度 50 mm。

(3)压力机或万能试验机(也可用路面强度试验仪和测力计):压力机应符合现行《液压式压力试验机》(GB/T 3722)及《试验机通用技术要求》(GB/T 2611)中的要求,其测量精度为±1%,同时应具有加载速率指示或加载速率控制装置。上、下压板平整并有足够的刚度,可以均匀地连续加载卸载,可以保持固定荷载。开机、停机均灵活自如,能够满足试件吨位要求,且压力机加载速率可以有效控制在 1 mm/min。路面材料强度试验仪如图 7-5 所示。

(4)电子天平:量程 15 kg,感量 0.1 g;量程 4 000 g,感量 0.01 g。

(5)量筒、拌和工具、大小铝盒、烘箱等。

(6)球形支座。

(7)机油若干。

图 7-4 标准养护箱

图 7-5 路面材料强度试验仪

**4. 试件制备和养护**

（1）细粒土，试模的直径×高＝$\phi$ 50 mm×50 mm；中粒土，试模的直径×高＝$\phi$ 100 mm×100 mm；粗粒土，试模的直径×高＝$\phi$ 150 mm×150 mm。

（2）按照 JTG E51—2009（T0843—2009）方法成型径高比为 1∶1 的圆柱体试件。

（3）按照 JTG E51—2009（T0845—2009）的标准养生方法进行 7 d 的标准养生。

（4）将试件两顶面用刮刀刮平，必要时可用快凝水泥砂浆抹平试件顶面。

（5）为保证试验结果的可靠性和准确性，每组试件的数目要求为：小试件不少于 6 个，中试件不少于 9 个，大试件不少于 13 个。

**5. 试验步骤**

（1）根据试验材料的类型和一般的工程经验，选择合适量程的测力计和压力机，试件破坏荷载应大于测力量程的 20% 且小于测力量程的 80%。球形支座和上、下压板涂上机油，使球形支座能灵活转动。

（2）将已浸水一昼夜的试件从水中取出，用软布吸去试件表面的水分，并称试件的质量 $m_4$。

（3）用游标卡尺测量试件的高度 $h$，精确至 0.1 mm。

（4）将试件放在路面材料强度试验仪或压力机上，并在升降台上先放一扁球座，进行抗压试验。试验过程中，应保持加载速率为 1 mm/min。记录试件破坏时的最大压力 $P$(N)。

(5) 从试件内部取有代表性的样品(经过打碎),按照 JTG E51—2009 (T0801—2009)方法,测定其含水量 $w$。

**6. 计算**

试件的无侧限抗压强度按式(7-7)计算:

$$R_c = \frac{P}{A} \tag{7-7}$$

式中: $R_c$ ——试件的无侧限抗压强度(MPa);

　　　 $P$ ——试件破坏时的最大压力(N);

　　　 $A$ ——试件的截面积( $\text{mm}^2$ ), $A = \frac{1}{4}\pi D^2$ ;

　　　 $D$ ——试件的直径(mm)。

**7. 结果整理**

(1) 抗压强度保留 1 位小数。

(2) 同一组试件试验中,采用 3 倍均方差方法剔除异常值。小试件可以允许 1 个异常值,中试件 1～2 个异常值,大试件 2～3 个异常值。异常值数量超过上述规定的,试验重做。

(3) 同一组试验的变异系数 $C_v$ (%)符合下列规定,方为有效试验: 小试件 $C_v \leqslant 6\%$ ,中试件 $C_v \leqslant 10\%$ ,大试件 $C_v \leqslant 15\%$ 。 如不能保证试验结果的变异系数小于规定值,则应按允许误差 10% 和 90% 概率重新计算所需的试件数量,增加试件数量并另做新试验。新试验结果与老试验结果一并重新进行统计评定,直到变异系数满足上述规定。

**8. 试验报告**

报告应包含以下内容:

(1) 材料的颗粒组成。

(2) 水泥的种类和强度等级,或石灰的等级。

(3) 重型击实的最佳含水量(%)和最大干密度( $\text{g/cm}^3$ )。

(4) 无机结合料类型及剂量。

(5) 试件干密度(保留 3 位小数, $\text{g/cm}^3$ )或压实度(%)。

(6) 吸水量以及测抗压强度时的含水量(%)。

(7) 抗压强度,保留 1 位小数。

(8) 若干个试件结果的最大值和最小值、平均值 $\overline{R}_c$ 、标准差 $S$ 、变异系数 $C_v$

和95%保证率的值$R_{c\,0.95}$（$R_{c\,0.95} = \overline{R}_c - 1.645S$）。

表7-5　无机结合料稳定材料无侧限抗压强度试验记录表

| 工程名称 | | 路段范围 | | | 试件尺寸 | | |
|---|---|---|---|---|---|---|---|
| 养生龄期 | | 混合料名称 | | | 加载速度(mm/min) | | |
| 结合料剂量(%) | | 最大干密度(g/cm³) | | | 试件压实度(%) | | |
| 试件号 | 1 | 2 | 3 | 4 | 5 | 6 | |
| 试件制备方法 | | | | | | | |
| 制件日期 | | | | | | | |
| 试验日期 | | | | | | | |
| 养生前试件质量 $m_2$ (g) | | | | | | | |
| 浸水前试件质量 $m_3$ (g) | | | | | | | |
| 浸水后试件质量 $m_4$ (g) | | | | | | | |
| 养生期间的质量损失＊$m_2 - m_3$ (g) | | | | | | | |
| 吸水量 $m_4 - m_3$ (g) | | | | | | | |
| 养生前试件高度 $h_1$ (mm) | | | | | | | |
| 浸水后试件高度 $h_2$ (mm) | | | | | | | |
| 试验的最大压力 $P$ (N) | | | | | | | |
| 无侧限抗压强度 $R_c$ (MPa) | | | | | | | |
| 平均值(MPa) | 变异系数<br>(%) | | | 代表值<br>(MPa) | | | |

试验者：　　　　　　　　　校核者：　　　　　　　　　试验日期：

注：＊指水分损失。如养生后试件掉粒或掉块，不作为水分损失。

# 7.3　复习思考题

1. 无机结合料稳定材料击实试验甲、乙两类方法的区别是什么？

2. 无机结合料稳定材料击实试验试样浸润时间是多少？

3. 无机结合料稳定材料击实试验丙类方法每层锤击次数是多少？

4. 当试样中大于规定最大粒径的超尺寸颗粒含量为多少时，应对试验所得最大干密度和最佳含水率进行校正？

# 第八章 建筑钢材试验

**试验内容和学习要求**

本章选编了建筑钢材拉伸试验方法和建筑钢材冷弯试验方法。

要求学生通过试验学习的知识点：①掌握钢筋拉伸试验；②钢筋冷弯试验；③通过试验能判定钢筋的力学性能及冷弯性能是否符合规范的相关技术要求。

## 8.1 钢筋拉伸性能试验

### 1. 试验依据

《金属材料 拉伸试验 第一部分：室温试验方法》(GB/T 228.1—2010)。

### 2. 目的及适用范围

本试验方法适用于测定建筑及桥梁工程所采用的各种规格热轧带肋钢筋、热轧光圆钢筋、冷轧带肋钢筋等的拉伸性能,通过试验,判定各种类型及规格的钢筋的力学性能是否满足相应的技术要求,能否用于实体工程。

试验一般在室温 10~35 ℃ 范围内进行,对温度要求严格的试验,试验温度应为 23 ℃±5 ℃。

### 3. 仪器设备

(1) 游标卡尺；

(2) 试验机：试验机应按照现行 GB/T 16825.1 进行校准,应为 1 级或优于 1 级准确度,如图 8-1 所示；

(3) 钢筋标距打点机：如图 8-2 所示。

### 4. 试件制备及要求

(1) 在每批钢筋中任取两根,在距钢筋端部 50 cm 处各取一根试样。

(2) 试样长度：拉伸试样分短试件为 $5d_0 + 200$ mm,或长试件为 $10d_0 + 200$ mm。直径 $d_0 = 10$ mm 的试样,其标距长度 $l_0 = 200$ mm(长试样,$\delta_{10}$)或 $l_0 =$

100 mm（短试样，$\delta_5$）；标距部分到端部的过渡必须缓和，其圆弧尺寸 $R$ 最小为 5 mm；$l=230$ mm（长试样）或 130 mm（短试样）；$h=50\sim70$ mm。

图 8-1　液压万能试验机

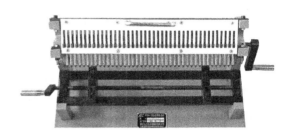

图 8-2　钢筋标距打点机

（3）根据试样的横截面积确定试样的标距长度,然后在标距的两端用不深的冲眼刻划出标志,并按试样标距长度,每隔 5~10 mm 做一分格标志,以计算试样的伸长率。

表 8-1　钢筋截面积和重量

| 公称直径（mm） | 公称截面积（mm²） | 公称重量（kg/m） | 公称直径（mm） | 公称截面积（mm²） | 公称重量（kg/m） |
|---|---|---|---|---|---|
| 8 | 50.27 | 0.395 | 20 | 314.2 | 2.47 |
| 10 | 78.54 | 0.617 | 22 | 380.1 | 2.98 |
| 12 | 113.1 | 0.888 | 25 | 490.9 | 3.85 |
| 14 | 153.9 | 1.21 | 28 | 615.8 | 483 |
| 16 | 201.1 | 1.58 | 32 | 804.2 | 6.31 |
| 18 | 254.5 | 2.00 | / | / | / |

**5. 试验步骤**

（1）测定钢筋的直径、钢筋截面积和重量(结果见表 8-1)。

（2）将试样安置在万能试验机的夹具中,试样应对准夹具的中心,试样轴线应绝对垂直,然后进行拉伸试验,应力速率如表 8-2 所示。

表 8-2 应力速率

| 金属材料的弹性模量（MPa） | 应力速率（MPa/s） | |
|---|---|---|
| | 最小 | 最大 |
| <150 000 | 2 | 20 |
| ≥150 000 | 6 | 60 |

（3）屈服点测定：

按下述方法测定钢筋的屈服强度：

① 调整试验机测力度盘的指针，使其对准零点，并波动副指针，使之与主指针重叠。

② 将试件固定在试验机夹头内，启动试验机加荷。试件屈服前，加荷速度为 10 MPa/s；屈服后，夹头移动速率不大于 $0.5L_0/\text{min}$。

③ 拉伸过程中，测力度盘的指针停止转动时的恒定荷载，或第一次回转时的最小荷载，即为所求的屈服点荷载 $F_e$，如图 8-3 所示。

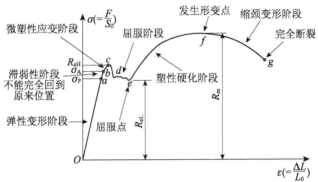

图 8-3 钢筋拉伸应力-应变（变形）图

（4）拉伸强度测定：屈服荷载读取后，继续对试样施加荷载到拉断为止，记录最大荷载即为抗拉强度的极限荷载，此时钢筋即将拉断，如图8-4所示。

（5）试样拉断后，将其断裂部分在断裂处紧密对接在一起，尽量使其轴线位于一直线上，如拉断处形成缝隙，则此缝隙应计入试样拉断后的标距

图 8-4 钢筋即将拉断状况

内。测量延伸率：用钢直尺按两点标距进行测量。

**6. 试验数据结果分析**

（1）横截面积按式（8-1）计算：

$$S_0 = 1/4\pi d_0^2 \tag{8-1}$$

式中：$S_0$——试样的原始横截面积。

（2）抗拉强度按式（8-2）计算：

$$Q_b = F_b/S_0 \tag{8-2}$$

式中：$Q_b$——抗拉强度；

$F_b$——最大荷载。

（3）试样断后伸长率按式（8-3）计算：

$$\delta = (L_1 - L_0)/L_0 \times 100 \tag{8-3}$$

式中：$\delta$——断后伸长率；

$L_1$——试样拉断后的标距；

$L_0$——试样原始标距。

**7. 试验报告**

表 8-3　钢筋拉伸试验记录表

| 钢筋编号 | 横截面积（mm²） | 最大荷载 $F_b$(N) | 抗拉强度 $Q_b$(MPa) | 试样原始标距 $L_1$(mm) | 试样拉断后的标距 $L_0$(mm) | 断后伸长率 $\delta$(%) |
|---|---|---|---|---|---|---|
| 1 | | | | | | |
| 2 | | | | | | |
| 抗拉强度 $Q_b$ 平均值(MPa)： | | | 断后伸长率 $\delta$ 平均值(%)： | | | |

# 8.2　钢筋冷弯性能试验

**1. 试验依据**

《金属材料 弯曲试验方法》(GB/T 232—2010)。

**2. 目的及适用范围**

本试验方法适用于测定建筑及桥梁工程所采用的各种规格热轧带肋钢筋、热轧光圆钢筋、冷轧带肋钢筋等的弯曲性能。钢筋在冷的状态下进行冷弯试验，以表示其承受弯曲成要求角度及形状的能力。本试验方法以试件环绕弯心至规定角度,观察其是否有裂纹、起层或断裂情况。

冷弯试验是一种工艺试验,借此可了解受试钢材对某种工艺加工适合的程度。

**3. 仪器设备**

万能试验机:附有冷弯支座和弯心,支座和弯心顶端圆柱应有一定的硬度,以免受压变形。亦可采用特制冷弯试验机,配备有钢筋冷弯夹具,如图 8-5 所示。

**4. 试样制备**

(1) 试样由钢筋两端截取,切割线与试件实际边距离不小于 10 cm,试样中间 1/3 范围内不得有凿冲等工具刻痕或压痕。

图 8-5　钢筋冷弯夹具

(2) 试件长度 $L \approx 5a + 150$ mm。

(3) 如必须采用有弯曲试样时,应用均匀压力将其压平。

**5. 试验方法**

(1) 试验前,测量试样尺寸是否合格。

(2) 根据要求确定钢筋冷弯直径和弯曲角度;试件长 $L = 5a + 150$ mm,$a$ 为试件直径;调整两支辊间的距离为 $x$,使 $x = (d + 3a) \pm a/2$,如图 8-6 所示。

(3) 上升支座使弯心与试样接触,而后继续均匀加压直至规定的角度,如图 8-7 所示。

图 8-6　冷弯前

图 8-7　冷弯后

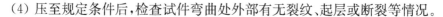

（4）压至规定条件后，检查试件弯曲处外部有无裂纹、起层或断裂等情况。

**6. 试验结果判定**

取下试件，检查弯曲处的外缘及侧面，如无裂缝、断裂或起层，即判定为冷弯试验合格。

# 8.3 复习思考题

1. 钢筋拉伸试验出现何种情况，试验结果判定为无效（至少三条）？
2. 简述钢筋拉伸试验数据处理方法。

# 附表

**表 1 道路石油沥青技术要求**

| 技术指标 | 单位 | 等级 | 160号④ | 130号④ | 110号 | 90号③ | 70号③ | 50号③ | 30号 | 试验方法① |
|---|---|---|---|---|---|---|---|---|---|---|
| 针入度（25℃，100 g，5 s） | 0.1 mm | — | 140~200 | 120~140 | 100~120 | 80~100 | 60~80 | 40~60 | 20~40 | T 0604 |
| 适用的气候分区⑥ | — | — | 注④ | 注④ | 2-1　2-2　3-2 | 1-1　1-2　1-3　2-2　2-3 | 1-3　1-4　2-2　2-3　2-4 | 1-4 | 注④ | 附录A⑥ |
| 针入度指数 PI⑦ | — | A | -1.5~+1.0 | | | | | | | T 0604 |
| 针入度指数 PI⑦ | — | B | -1.8~+1.0 | | | | | | | T 0604 |
| 软化点（R&B），不小于 | ℃ | A | 38 | 40 | 43 | 45 | 46 | 49 | 55 | T 0606 |
| 软化点（R&B），不小于 | ℃ | B | 36 | 39 | 42 | 43 | 44 | 46 | 53 | T 0606 |
| 软化点（R&B），不小于 | ℃ | C | 35 | 37 | 41 | 42 | 43 | 45 | 50 | T 0606 |
| 60℃动力黏度⑦，不小于 | Pa·s | A | — | 60 | 120 | 160 | 180 | 200 | 260 | T 0620 |
| 10℃延度⑦，不小于 | cm | A | 50 | 50 | 40 | 45　30　30　20　20 | 20　20　25　20　15 | 15 | 10 | T 0605 |
| 10℃延度⑦，不小于 | cm | B | 30 | 30 | 30 | 30　20　20　15　15 | 15　20　20　15　10 | 10 | 8 | T 0605 |
| 15℃延度，不小于 | cm | A，B | 100 | 100 | 100 | 100 | 100 | 80 | 50 | T 0605 |
| 15℃延度，不小于 | cm | C | 80 | 80 | 60 | 50 | 40 | 30 | 20 | T 0605 |
| 蜡含量（蒸馏法），不大于 | % | A | 2.2 | | | | | | | T 0615 |
| 蜡含量（蒸馏法），不大于 | % | B | 3.0 | | | | | | | T 0615 |
| 蜡含量（蒸馏法），不大于 | % | C | 4.5 | | | | | | | T 0615 |

177

（续表1）

| 技术指标 | 单位 | 等级 | \multicolumn{沥青标号} 160号④ | 130号 | 110号 | 90号 | 70号③ | 50号③ | 30号④ | 试验方法① |
|---|---|---|---|---|---|---|---|---|---|---|
| 闪点，不小于 | ℃ | | 230 | | 245 | | 260 | | | T 0611 |
| 溶解度，不小于 | % | | 99.5 | | | | | | | T 0607 |
| 密度(15℃) | g/cm³ | | 实测记录 | | | | | | | T 0603 |
| 质量变化，不大于 | % | | ±0.8 | | | | | | | T 0610 T0609 |
| 残留针入度比(15℃)，不小于 | % | A | 48 | 54 | 55 | 57 | 61 | 63 | 65 | T 0604 |
| | | B | 45 | 50 | 52 | 54 | 58 | 60 | 62 | |
| | | C | 40 | 45 | 48 | 50 | 54 | 58 | 60 | |
| 残留延度(10℃)，不小于 | cm | A | 12 | 12 | 10 | 8 | 6 | 4 | — | T 0605 |
| | | B | 10 | 10 | 8 | 6 | 4 | 2 | — | |
| 延度(15℃)，不小于 | cm | C | 40 | 35 | 30 | 20 | 15 | 10 | — | T 0605 |

注：TFOT(或RTFOT)后⑤

① 试验方法按照《公路工程沥青及沥青混合料试验规程》(JTG E20—2011)规定的方法进行。用于仲裁试验求取 PI 时的 5 个针入度关系的用久系数不得小于 0.997。

② 经建设单位同意，表中 PI 值、60℃动力黏度、10℃延度可作为选择性指标，也可不作为施工质量检验指标。

③ 70号沥青可根据商装需要要求供应商提供针入度范围为 60~70 或 70~80 或 50 号沥青可提供针入度范围为 45~50 或 50~60 的沥青。

④ 30号沥青近适用于沥青稳定基层。130号和160号沥青稳定基层。130号和160号沥青可直接在中低级公路上直接使用外，通常可作为乳化沥青、稀释沥青、改性沥青及改性沥青的基质沥青。

⑤ 老化试验以 TFOT 为准，也可以以 RTFOT 代替。

⑥ 沥青路面使用性能气候分区见《公路沥青路面施工技术规范》(JTG F40—2004)附录 A。

表2 道路用乳化沥青技术要求

| 技术指标 | 单位 | 阳离子 | | | | 阴离子 | | | | 非离子 | | 试验方法 |
| --- | --- | --- | --- | --- | --- | --- | --- | --- | --- | --- | --- | --- |
| | | 喷洒用 | | 拌和用 | | 喷洒用 | | 拌和用 | | 喷洒用 | 拌和用 | |
| | | PC-1 | PC-2 | PC-3 | BC-1 | PA-1 | PA-2 | PA-3 | BA-1 | PN-1 | BN-1 | |
| 破乳速度 | | 快裂 | 慢裂 | 快裂或中裂 | 慢裂或中裂 | 快裂 | 慢裂 | 快裂或中裂 | 慢裂或中裂 | 慢裂 | 慢裂 | T 0658 |
| 粒子电荷 | | 阳离子 | | | | 阴离子 | | | | 非离子 | | T 0653 |
| 筛上残留物(1.18 mm筛),不大于 | % | 0.1 | | | | 0.1 | | | | 0.1 | | T 0652 |
| 黏度 恩格拉黏度计 $E_{25}$ | | 2~10 | 1~6 | 1~6 | 2~30 | 2~10 | 1~6 | 1~6 | 2~30 | 1~6 | 2~30 | T 0622 |
| 黏度 道路标准黏度计 $C_{25,3}$ | s | 10~25 | 8~20 | 8~20 | 10~60 | 10~25 | 8~20 | 8~20 | 10~60 | 8~20 | 10~60 | T 0621 |
| 蒸发残留物 残留物含量,不小于 | % | 50 | 50 | 50 | 55 | 50 | 50 | 50 | 55 | 50 | 55 | T 0651 |
| 蒸发残留物 溶解度,不小于 | % | 97.5 | | | | 97.5 | | | | 97.5 | | T 0607 |
| 蒸发残留物 针入度(25℃) | 0.1 mm | 50~200 | 50~300 | 45~150 | 45~150 | 50~200 | 50~300 | 45~150 | 45~150 | 50~300 | 60~300 | T 0604 |
| 蒸发残留物 延度(15℃),不小于 | cm | 40 | | | | 40 | | | | 40 | | T 0605 |
| 与粗、细集料的黏附性,裹覆面积,不小于 | | 2/3 | 2/3 | — | — | 2/3 | 2/3 | — | — | 2/3 | — | T 0654 |
| 与粗、细集料拌和试验 | | — | — | 均匀 | 均匀 | — | — | 均匀 | 均匀 | — | 均匀 | T 0659 |
| 水泥拌和试验的筛上剩余,不大于 | % | | | | | | | | | | 3 | T 0657 |

（续表2）

| 技术指标 | 单位 | 品种及代号 ||||||||||| 试验方法 |
|---|---|---|---|---|---|---|---|---|---|---|---|---|
|  |  | 阳离子 |||| 阴离子 |||| 非离子 || |
|  |  | 喷洒用 || 拌和用 || 喷洒用 ||| 拌和用 | 喷洒用 | 拌和用 | |
|  |  | PC-1 | PC-2 | PC-3 | BC-1 | PA-1 | PA-2 | PA-3 | BA-1 | PN-1 | BN-1 | |
| 常温贮存稳定性：<br>1 d，不大于<br>5 d，不大于 | % | | 1<br>5 | | | | 1<br>5 | | | | | 1<br>5 | T 0655 |

注：
1. P为喷洒型，B为拌和型，C、A、N分别表示阳离子、阴离子、非离子乳化沥青。
2. 黏度可选用恩格拉黏度计或道路标准黏度计之一测定。
3. 表中的破乳速度与集料的粘附性、拌和试验的要求，所适用的石料品种有关，质量检验时应采用工程上实际的石料进行试验。仅进行乳化沥青产品质量评定时可不要求此三项。
4. 贮存稳定性根据施工实际情况选用试验时间，通常采用5 d，乳液生产后能在当天使用时也可用1 d的稳定性。
5. 当乳化沥青需要在低温冰冻条件下贮存或使用时，尚需按T 0656进行-5℃低温贮存稳定性试验，要求没有粗颗粒、不结块。
6. 如果乳化沥青是将高浓度产品运到现场经稀释后使用，表中的蒸发残留物等各项指标指稀释前乳化沥青的要求。

表 3　道路用液体石油沥青技术要求

| 技术指标 || 单位 | 快凝 || 中凝 |||||| 慢凝 |||||| 试验方法 |
|---|---|---|---|---|---|---|---|---|---|---|---|---|---|---|---|---|---|
|  |  |  | AL<br>(R)-1 | AL<br>(R)-2 | AL<br>(M)-1 | AL<br>(M)-2 | AL<br>(M)-3 | AL<br>(M)-4 | AL<br>(M)-5 | AL<br>(M)-6 | AL<br>(S)-1 | AL<br>(S)-2 | AL<br>(S)-3 | AL<br>(S)-4 | AL<br>(S)-5 | AL<br>(S)-6 | |
| 黏度 | $C_{25,5}$ | s | <20 | — | <20 | — | — | — | — | — | <20 | — | — | — | — | — | T 0621 |
| 黏度 | $C_{60,5}$ | s | — | 5~15 | — | 5~15 | 16~25 | 26~40 | 41~100 | 101~200 | — | 5~15 | 16~25 | 26~40 | 41~100 | 101~200 | |
| 蒸馏体积 | 225℃前 | % | >20 | >15 | <10 | <7 | <3 | <2 | 0 | 0 | — | — | — | — | — | — | T 0632 |
| 蒸馏体积 | 315℃前 | % | >35 | >30 | <35 | <25 | <17 | <14 | <8 | <5 | — | — | — | — | — | — | |
| 蒸馏体积 | 360℃前 | % | >45 | >35 | <50 | <35 | <30 | <25 | <20 | <15 | <40 | <35 | <25 | <20 | <15 | <5 | |

(续表3)

| 技术指标 | | 单位 | 快凝 | | 中凝 | | | | | | 慢凝 | | | | | | 试验方法 |
|---|---|---|---|---|---|---|---|---|---|---|---|---|---|---|---|---|---|
| | | | AL(R)-1 | AL(R)-2 | AL(M)-1 | AL(M)-2 | AL(M)-3 | AL(M)-4 | AL(M)-5 | AL(M)-6 | AL(S)-1 | AL(S)-2 | AL(S)-3 | AL(S)-4 | AL(S)-5 | AL(S)-6 | |
| 蒸馏后残留物 | 针入度(25℃) | 0.1mm | 60~200 | 60~200 | 100~300 | 100~300 | 100~300 | 100~300 | 100~300 | 100~300 | — | — | — | — | — | — | T 0604 |
| | 延度(25℃) | cm | >60 | >60 | >60 | >60 | >60 | >60 | >60 | >60 | — | — | — | — | — | — | T 0605 |
| | 浮漂度(5℃) | s | — | — | — | — | — | — | — | — | <20 | >20 | >30 | >40 | >45 | >50 | T 0631 |
| 闪点(TOC法) | | ℃ | >30 | >30 | >65 | >65 | >65 | >65 | >65 | >65 | >70 | >70 | >100 | >100 | >120 | >120 | T 0633 |
| 含水量,不大于 | | % | 0.2 | 0.2 | 0.2 | 0.2 | 0.2 | 0.2 | 0.2 | 0.2 | 2.0 | 2.0 | 2.0 | 2.0 | 2.0 | 2.0 | T 0612 |

## 表 4 道路用煤沥青技术要求

| 技术指标 | | T-1 | T-2 | T-3 | T-4 | T-5 | T-6 | T-7 | T-8 | T-9 | 试验方法 |
|---|---|---|---|---|---|---|---|---|---|---|---|
| 黏度(s) | $C_{30,5}$<br>$C_{30,10}$<br>$C_{50,10}$<br>$C_{60,10}$ | 5~25 | 26~70 | 5~25 | 26~50 | 51~120 | 121~200 | 10~75 | 76~200 | 35~65 | T 0621 |
| 蒸馏试验 馏出量(g) | 170℃前,不大于 | 3 | 3 | 3 | 2 | 1.5 | 1.5 | 1.0 | 1.0 | 1.0 | T 0641 |
| | 270℃前,不大于 | 20 | 20 | 20 | 15 | 15 | 15 | 10 | 10 | 10 | |
| | 300℃前,不大于 | 15~35 | 15~35 | 30 | 30 | 25 | 25 | 20 | 20 | 15 | |
| 300℃蒸馏残留物软化点(环球法)(℃) | | 30~45 | 30~45 | 35~65 | 35~65 | 35~65 | 35~65 | 40~70 | 40~70 | 40~70 | T 0606 |
| 水分,不大于(%) | | 1.0 | 1.0 | 1.0 | 1.0 | 1.0 | 0.5 | 0.5 | 0.5 | 0.5 | T 0612 |

(续表4)

| 技术指标 | T-1 | T-2 | T-3 | T-4 | T-5 | T-6 | T-7 | T-8 | T-9 | 试验方法 |
|---|---|---|---|---|---|---|---|---|---|---|
| 甲苯不溶物，不大于(%) | 20 | 20 | 20 | 20 | 20 | 20 | 20 | 20 | 20 | T 0646 |
| 蜡含量，不大于(%) | 45 | 5 | 5 | 4 | 4 | 3.5 | 3 | 2 | 2 | T 0645 |
| 焦油酸含量，不大于(%) | 4 | 4 | 3 | 3 | 2.5 | 2.5 | 1.5 | 1.5 | 1.5 | T 0642 |

表 5  聚合物改性沥青技术要求

| 技术指标 | 单位 | SBS类(I类) | | | | SBS类(II类) | | | EVA、PE类(III类) | | | | 试验方法 |
|---|---|---|---|---|---|---|---|---|---|---|---|---|---|
| | | I-A | I-B | I-C | I-D | II-A | II-B | II-C | III-A | III-B | III-C | III-D | |
| 针入度(25℃，100 g，5 s) | 0.1 mm | >100 | 80~100 | 60~80 | 40~60 | >100 | 80~100 | 60~80 | >80 | 60~80 | 40~60 | 30~40 | T 0604 |
| 针入度指数 $PI$，不小于 | — | -1.2 | -0.8 | -0.4 | 0 | -1.0 | -0.8 | -0.6 | -1.0 | -0.8 | -0.6 | -0.4 | T 0604 |
| 延度(5℃，5 cm/min)，不小于 | cm | 50 | 40 | 30 | 20 | 60 | 50 | 40 | — | | | | T 0605 |
| 软化点($T_{R\&B}$)，不小于 | ℃ | 45 | 50 | 55 | 60 | 45 | 48 | 50 | 48 | 52 | 56 | 60 | T 0606 |
| 运动黏度①135℃，不大于 | Pa·s | 3 | | | | | | | | | | | T 0625 / T 0619 |
| 闪点，不小于 | ℃ | 230 | | | | | | | | | | | T 0611 |
| 溶解度，不小于 | % | 99 | | | | | | | | | | | T 0607 |
| 弹性恢复 25℃，不小于 | % | 55 | 60 | 65 | 75 | — | | | 无改性剂明显析出、凝聚 | | | | T 0662 |
| 黏韧性，不小于 | N·m | — | | | | 5 | | | | | | | T 0624 |
| 韧性，不小于 | N·m | — | | | | 2.5 | | | | | | | T 0624 |
| 贮存稳定性②离析，48 h软化点差，不大于 | ℃ | 2.5 | | | | | | | | | | | T 0661 |

(续表5)

| 技术指标 | 单位 | SBS 类（Ⅰ类） | | | | SBS 类（Ⅱ类） | | | EVA,PE 类（Ⅲ类） | | | | 试验方法 |
|---|---|---|---|---|---|---|---|---|---|---|---|---|---|
| | | I-A | I-B | I-C | I-D | Ⅱ-A | Ⅱ-B | Ⅱ-C | Ⅲ-A | Ⅲ-B | Ⅲ-C | Ⅲ-D | |
| TFOT(或 RTFOT)后残留物 | | | | | | | | | | | | | |
| 质量变化，不大于 | % | ±1.0 | | | | | | | | | | | T 0610<br>T 0609 |
| 针入度 25℃，不大于 | % | 50 | 55 | 60 | 65 | 50 | 55 | 60 | 50 | 55 | 58 | 60 | T 0604 |
| 延度 5℃，不小于 | cm | 30 | 25 | 20 | 15 | 30 | 20 | 10 | | | | | T 0605 |

注：
① 表中 135℃运动黏度可采用《公路工程沥青及沥青混合料试验规程》(JTG E20—2011)中的"沥青布氏旋转黏度试验方法（布洛克菲尔德黏度计法）"进行测定。若不改变改性沥青物化学性质并符合安全条件的质量，非符合安全条件的温度下泵送和摊铺温度和温度采样和样送高采送作不作要求，保证改性沥青时提高采样和样送高采送作后，保持不间断的提样或采送循环，可不要求测定。
② 贮存稳定性指标适用于工厂生产的成品改性沥青。现场制作的改性沥青对贮存稳定性指标可不作要求，但必须在制作后，保持不间断的搅拌或采送循环，保证使用前没有明显的离析。

表 6 改性乳化沥青技术要求

| 技术指标 | | 单位 | 品种及代号 | | 试验方法 |
|---|---|---|---|---|---|
| | | | PCR | BCR | |
| 破乳速度 | | — | 快裂或中裂 | 慢裂 | T 0658 |
| 粒子电荷 | | — | 阳离子（+） | 阴离子（-） | T 0653 |
| 筛上剩余量(1.18 mm)，不大于 | | % | 0.1 | 0.1 | T 0652 |
| 黏度 | 恩格拉黏度 $E_{25}$ | — | 1~10 | 3~30 | T 0622 |
| | 沥青标准黏度 $C_{25,3}$ | s | 8~25 | 12~60 | T 0621 |

(续表6)

| 技术指标 | | 单位 | 品种及代号 | | 试验方法 |
|---|---|---|---|---|---|
| | | | PCR | BCR | |
| 蒸发残留物 | 含量，不小于 | % | 50 | 60 | T 0651 |
| | 针入度(100 g, 25℃, 5 s) | 0.1 mm | 40~120 | 40~100 | T 0604 |
| | 软化点，不小于 | ℃ | 50 | 53 | T 0606 |
| | 延度(5℃)，不小于 | cm | 20 | 20 | T 0605 |
| | 溶解度(三氯乙烯)，不小于 | % | 97.5 | 97.5 | T 0607 |
| 与矿料的黏附性、裹覆面积，不小于 | | — | 2/3 | — | T 0654 |
| 贮存稳定性 | 1 d，不大于 | % | 1 | 1 | T 0655 |
| | 3 d，不大于 | % | 5 | 5 | |

注：
1. 破乳速度与矿料黏附性、拌和试验及使用的石料品种有关。工程上施工质量检验时应采用实际采用的石料试验，仅进行产品质量评定时可不对这些指标提出要求。
2. 当用于填补车辙时，BCR蒸发残留物的软化点宜提高至不低于55℃。
3. 贮存稳定性根据施工实际情况选择试验天数，通常采用5 d，乳液生产后能在第二天使用完时也可用1 d。个别情况下改性乳化沥青5 d的贮存稳定性难以满足要求，如果经搅拌后能够达到均匀一致并不影响正常使用，此时要求改性乳化沥青运至工地后存放在附近有搅拌装置的贮存罐内，并不断地进行搅拌，否则不准使用。
4. 当改性乳化沥青或特种改性乳化沥青需要在低温冰冻条件下贮存或使用时，尚需按《公路工程沥青及沥青混合料试验规程》(JTG E20—2011)中T 0656进行−5℃低温贮存稳定性试验，要求没有粗颗粒、不结块。

### 表7 沥青混合料用粗集料质量技术要求

| 技术指标 | 单位 | 高速公路及一级公路 | | 其他等级公路 | 试验方法 |
|---|---|---|---|---|---|
| | | 表面层 | 其他层次 | | |
| 压碎值,不大于 | % | 26 | 28 | 30 | T 0316 |
| 洛杉矶磨耗损失,不大于 | % | 28 | 30 | 35 | T 0317 |
| 表观相对密度,不小于 | — | 2.60 | 2.50 | 2.45 | T 0304 |
| 吸水率,不大于 | % | 2.0 | 3.0 | 3.0 | T 0304 |
| 坚固性,不大于 | % | 12 | 12 | — | T 0314 |
| 针片状颗粒含量(混合料),不大于<br>其中粒径大于 9.5 mm,不大于<br>其中粒径小于 9.5 mm,不大于 | %<br>%<br>% | 15<br>12<br>18 | 18<br>15<br>20 | 20 | T 0312 |
| 水洗法<0.075 mm 颗粒含量,不大于 | % | 1 | 1 | 1 | T 0310 |
| 软石含量,不大于 | % | 3 | 5 | 5 | T 0320 |

注:

1. 坚固性试验可根据需要进行。

2. 用于高速公路、一级公路时,多孔玄武岩的视密度可放宽至 2.45 t/m³,吸水率可放宽至 3%,但必须得到建设单位的批准,且不得用于 SMA 路面。

3. 对 S14 即 3～5 规格的粗集料,针片状颗粒含量可不予要求,<0.075 mm 含量可放宽至 3%。

### 表8 粗集料与沥青黏附性、磨光值的技术要求

| 雨量气候区 | 1(潮湿区) | 2(湿润区) | 3(半干区) | 4(干旱区) | 试验方法 |
|---|---|---|---|---|---|
| 年降雨量(mm) | >1 000 | 1 000～500 | 500～250 | <250 | — |
| 粗集料的磨光值 PSV,不小于高速公路、一级公路表面层 | 42 | 40 | 38 | 36 | T 0321<br>(JTG<br>E42—<br>2005) |
| 粗集料与沥青的黏附性,不小于高速公路、一级公路表面层高速公路、一级公路其他层次及其他等级公路的各个层次 | 5<br>4 | 4<br>4 | 4<br>3 | 3<br>3 | T 0616<br>T 0663<br>(JTG<br>E20—<br>2011) |

### 表9 沥青混合料用细集料质量要求

| 技术指标 | 单位 | 高速公路、一级公路 | 其他等级公路 | 试验方法 |
|---|---|---|---|---|
| 表观相对密度,不小于 | — | 2.5 | 2.45 | T 0328 |
| 坚固性(>0.3 mm 部分),不小于 | % | 12 | — | T 0340 |

(续表9)

| 技术指标 | 单位 | 高速公路、一级公路 | 其他等级公路 | 试验方法 |
|---|---|---|---|---|
| 含泥量(小于 0.075 mm 的含量),不大于 | % | 3 | 5 | T 0333 |
| 砂当量,不小于 | % | 60 | 50 | T 0334 |
| 亚甲蓝值,不大于 | g/kg | 25 | — | T 0349 |
| 棱角性(流动时间),不小于 | s | 30 | — | T 0345 |

注:具体试验方法见《公路工程集料试验规程》(JTG E42—2005)。坚固性试验可根据需要进行。

表 10　沥青混合料用矿粉质量要求

| 技术指标 | 单位 | 高速公路、一级公路 | 其他等级公路 | 试验方法 |
|---|---|---|---|---|
| 表观密度,不小于 | t/m³ | 2.50 | 2.45 | T 0352 |
| 含水量,不大于 | % | 1 | 1 | T 0103 |
| 粒度范围<0.6 mm<br><0.15 mm<br><0.075 mm | %<br>%<br>% | 100<br>95~100<br>75~100 | 100<br>90~100<br>70~100 | T 0351 |
| 外观 | — | 无团粒结块 | — | |
| 亲水系数 | — | <1 | — | T 0353 |
| 塑性指数 | % | <4 | — | T 0354 |
| 加热安定性 | — | 实测记录 | | T 0355 |

注:试验方法见《公路工程集料试验规程》(JTG E42—2005)

表 11　粗型和细型密级配沥青混凝土的关键性筛孔通过率

| 混合料类型 | 公称最大粒径(mm) | 用以分类的关键性筛孔(mm) | 粗型密级配 | | 细型密级配 | |
|---|---|---|---|---|---|---|
| | | | 名称 | 关键性筛孔通过率(%) | 名称 | 关键性筛孔通过率(%) |
| AC-25 | 26.5 | 4.75 | AC-25C | <40 | AC-25F | >40 |
| AC-20 | 19 | 4.75 | AC-20C | <45 | AC-20F | >45 |
| AC-16 | 16 | 2.36 | AC-16C | <38 | AC-16F | >38 |
| AC-13 | 13.2 | 2.36 | AC-13C | <40 | AC-13F | >40 |
| AC-10 | 9.5 | 2.36 | AC-10C | <45 | AC-10F | >45 |

表 12 密级配沥青混凝土混合料矿料级配范围

| 级配类型 | | 通过下列筛孔（方孔筛，mm）的质量百分率（%） | | | | | | | | | | | | |
|---|---|---|---|---|---|---|---|---|---|---|---|---|---|---|
| | | 31.5 | 26.5 | 19 | 16 | 13.2 | 9.5 | 4.75 | 2.36 | 1.18 | 0.6 | 0.3 | 0.15 | 0.075 |
| 粗粒式 | AC-25 | 100 | 90~100 | 75~90 | 65~83 | 57~76 | 45~65 | 24~52 | 16~42 | 12~33 | 8~24 | 5~17 | 4~13 | 3~7 |
| | AC-20 | | 100 | 90~100 | 78~92 | 62~80 | 50~72 | 26~56 | 16~44 | 12~33 | 8~24 | 5~17 | 4~13 | 3~7 |
| 中粒式 | AC-16 | | | 100 | 90~100 | 76~92 | 60~80 | 34~62 | 20~48 | 13~36 | 9~26 | 7~18 | 5~14 | 4~8 |
| | AC-13 | | | | 100 | 90~100 | 68~85 | 38~68 | 24~50 | 15~38 | 10~28 | 7~20 | 5~15 | 4~8 |
| 细粒式 | AC-10 | | | | | 100 | 90~100 | 45~75 | 30~58 | 20~44 | 13~32 | 9~23 | 6~16 | 4~8 |
| 砂粒式 | AC-5 | | | | | | 100 | 90~100 | 55~75 | 35~55 | 20~40 | 12~28 | 7~18 | 5~10 |

表 13 沥青玛蹄脂碎石混合料矿料级配范围

| 级配类型 | | 通过下列筛孔（方孔筛，mm）的质量百分率（%） | | | | | | | | | | | |
|---|---|---|---|---|---|---|---|---|---|---|---|---|---|
| | | 26.5 | 19 | 16 | 13.2 | 9.5 | 4.75 | 2.36 | 1.18 | 0.6 | 0.3 | 0.15 | 0.075 |
| 中粒式 | SMA-20 | 100 | 90~100 | 72~92 | 62~82 | 40~55 | 18~30 | 13~22 | 12~20 | 10~16 | 9~14 | 8~13 | 2~12 |
| | SMA-16 | | 100 | 90~100 | 65~85 | 45~65 | 20~32 | 15~24 | 14~22 | 12~18 | 10~15 | 9~14 | 8~12 |
| 细粒式 | SMA-13 | | | 100 | 90~100 | 50~75 | 20~34 | 15~26 | 14~24 | 12~20 | 10~16 | 9~15 | 8~12 |
| | SMA-10 | | | | 100 | 90~100 | 28~60 | 20~32 | 14~26 | 12~22 | 10~18 | 9~16 | 8~12 |

**表 14　开级配排水式磨耗层沥青混合料矿料级配范围**

| 级配类型 | | 通过下列筛孔（方孔筛，mm）的质量百分率（%） | | | | | | | | | | |
|---|---|---|---|---|---|---|---|---|---|---|---|
| | | 19 | 16 | 13.2 | 9.5 | 4.75 | 2.36 | 1.18 | 0.6 | 0.3 | 0.15 | 0.075 |
| 中粒式 | OGFC-16 | 100 | 90~100 | 70~90 | 45~70 | 12~30 | 10~22 | 6~18 | 4~15 | 3~12 | 3~8 | 2~6 |
| | OGFC-13 | | 100 | 90~100 | 60~80 | 12~30 | 10~22 | 6~18 | 4~15 | 3~12 | 3~8 | 2~6 |
| 细粒式 | OGFC-10 | | | 100 | 90~100 | 50~70 | 10~22 | 6~18 | 4~15 | 3~12 | 3~8 | 2~6 |

**表 15　密级配沥青稳定碎石混合料矿料级配**

| 级配类型 | | 通过下列筛孔（方孔筛，mm）的质量百分率（%） | | | | | | | | | | | | | |
|---|---|---|---|---|---|---|---|---|---|---|---|---|---|---|---|
| | | 53 | 37.5 | 31.5 | 26.5 | 19 | 16 | 13.2 | 9.5 | 4.75 | 2.36 | 1.18 | 0.6 | 0.3 | 0.15 | 0.075 |
| 特粗式 | ATB-40 | 100 | 90~100 | 75~92 | 65~85 | 49~71 | 43~63 | 37~57 | 30~50 | 20~40 | 15~32 | 10~25 | 8~18 | 5~14 | 3~10 | 2~6 |
| | ATB-30 | | 100 | 90~100 | 70~90 | 53~72 | 44~66 | 39~60 | 31~51 | 20~40 | 15~32 | 10~25 | 8~18 | 5~14 | 3~8 | 2~6 |
| 粗粒式 | ATB-25 | | | 100 | 90~100 | 60~80 | 48~68 | 42~62 | 32~52 | 20~40 | 15~32 | 10~25 | 8~18 | 5~14 | 3~8 | 2~6 |

**表 16　半开级配沥青碎石混合料矿料级配范围**

| 级配类型 | | 通过下列筛孔（方孔筛，mm）的质量百分率（%） | | | | | | | | | | |
|---|---|---|---|---|---|---|---|---|---|---|---|---|
| | | 26.5 | 19 | 16 | 13.2 | 9.5 | 4.75 | 2.36 | 1.18 | 0.6 | 0.3 | 0.15 | 0.075 |
| 中粒式 | AM-20 | 100 | 90~100 | 60~85 | 50~75 | 40~65 | 15~40 | 5~22 | 2~16 | 1~12 | 0~10 | 0~8 | 0~5 |
| | AM-16 | | 100 | 90~100 | 60~85 | 45~68 | 18~40 | 6~25 | 3~18 | 1~14 | 0~10 | 0~8 | 0~5 |
| 细粒式 | AM-13 | | | 100 | 90~100 | 50~80 | 20~45 | 8~28 | 4~20 | 2~16 | 0~10 | 0~8 | 0~6 |
| | AM-10 | | | | 100 | 90~100 | 35~65 | 10~35 | 5~22 | 2~16 | 0~12 | 0~9 | 0~6 |

**表 17　开级配沥青稳定碎石混合料矿料级配范围**

| 级配类型 | | 通过下列筛孔（方孔筛，mm）的质量百分率（%） | | | | | | | | | | | | | | |
|---|---|---|---|---|---|---|---|---|---|---|---|---|---|---|---|---|
| | | 53 | 37.5 | 31.5 | 26.5 | 19 | 16 | 13.2 | 9.5 | 4.75 | 2.36 | 1.18 | 0.6 | 0.3 | 0.15 | 0.075 |
| 特粗式 | ATPB-40 | 100 | 70~100 | 65~90 | 55~85 | 43~75 | 32~70 | 20~65 | 12~50 | 0~3 | 0~3 | 0~3 | 0~3 | 0~3 | 0~3 | 0~3 |
| | ATPB-30 | | 100 | 80~100 | 70~95 | 53~85 | 36~80 | 26~75 | 14~60 | 0~3 | 0~3 | 0~3 | 0~3 | 0~3 | 0~3 | 0~3 |
| 粗粒式 | ATPB-25 | | | 100 | 80~100 | 60~100 | 45~90 | 30~82 | 16~70 | 0~3 | 0~3 | 0~3 | 0~3 | 0~3 | 0~3 | 0~3 |

**表 18　密级配沥青混凝土混合料马歇尔试验技术标准**

| 技术指标 | | 单位 | 高速公路、一级公路 | | | | 其他等级公路 | 行人道路 |
|---|---|---|---|---|---|---|---|---|
| | | | 夏炎热区（1-1,1-2,1-3,1-4 区） | | 夏热区及夏凉区（2-1,2-2,2-3,2-4,3-2 区） | | | |
| | | | 中轻交通 | 重载交通 | 中轻交通 | 重载交通 | | |
| 击实次数（双面） | | 次 | 75 | | | | 50 | 50 |
| 试件尺寸 | | mm | φ 101.6×63.5 | | | | | |
| 空隙率 VV | 深约 90 mm 以内 | % | 3~5 | 4~6 | 2~4 | 3~5 | 3~6 | 2~4 |
| | 深约 90 mm 以上 | | 3~6 | 3~6 | 3~6 | 3~6 | 3~6 | — |
| 稳定度 MS，不小于 | | kN | 8 | | | | 5 | 3 |

(续表18)

| 技术指标 | 单位 | 高速公路、一级公路 | | | | 其他等级公路 | 行人道路 |
|---|---|---|---|---|---|---|---|
| | | 夏炎热区(1-1,1-2,1-3,1-4区) | | 夏热区及夏凉区(2-1,2-2,2-3,2-4,3-2区) | | | |
| | | 中轻交通 | 重载交通 | 中轻交通 | 重载交通 | | |
| 流值 $FL$ | mm | 2~4 | 1.5~4 | 2~4.5 | 2~4 | 2~4.5 | 2~5 |

| 矿料间隙率 $VMA$ (%),不小于 | 设计空隙率(%) | 相应于以下公称最大粒径(mm)的最小 $VMA$ 及 $VFA$ 技术要求(%) | | | | | |
|---|---|---|---|---|---|---|---|
| | | 26.5 | 19 | 16 | 13.2 | 9.5 | 4.75 |
| | 2 | 10 | 11 | 11.5 | 12 | 13 | 15 |
| | 3 | 11 | 12 | 12.5 | 13 | 14 | 16 |
| | 4 | 12 | 13 | 13.5 | 14 | 15 | 17 |
| | 5 | 13 | 14 | 14.5 | 15 | 16 | 18 |
| | 6 | 14 | 15 | 15.5 | 16 | 17 | 19 |
| 沥青饱和度 $VFA$ (%) | | 55~70 | | 65~75 | | 70~85 | |

注:
1. 对设计空隙率大于5%的夏炎热地区重载交通路段,施工时应至少提高压实度1个百分点。
2. 当设计空隙率不是整数时,由内插确定要求的 $VMA$ 最小值。
3. 对改性沥青混合料,马歇尔试验的流值可适当放宽。

表19 沥青稳定碎石混合料马歇尔试验配合比设计技术标准

| 技术指标 | 单位 | 密级配基层(ATB) | | 半开级配面层(AM) | 排水式开级配磨耗层(OGFC) | 排水式开级配基层(ATPB) |
|---|---|---|---|---|---|---|
| 公称最大粒径 | mm | 26.5 | ≥31.5 | ≤26.5 | ≤26.5 | 所有尺寸 |
| 马歇尔试件尺寸 | mm | φ101.6×63.5 | φ152.4×95.3 | φ101.6×63.5 | φ101.6×63.5 | φ152.46×95.3 |
| 击实次数(双面) | 次 | 75 | 112 | 50 | 50 | 75 |
| 空隙率VV | % | 3~6 | | 6~10 | 不小于18 | 不小于18 |
| 稳定度,不小于 | kN | 7.5 | 15 | 3.5 | 3.5 | — |
| 流值 | mm | 1.5~4 | 实测 | — | — | — |
| 沥青饱和度 | % | 55~70 | | 40~70 | — | — |

密级配基层ABT的矿料间隙率VMA(%),不小于：

| 设计空隙率(%) | ATB-40 | ATB-30 | ATB-25 |
|---|---|---|---|
| 4 | 11 | 11.5 | 12 |
| 5 | 12 | 12.5 | 13 |
| 6 | 13 | 13.5 | 14 |

注:在干旱地区,可将密级配沥青稳定碎石基层的空隙率适当放宽至8%。

表20 SMA混合料马歇尔试验配合比设计技术要求

| 技术指标 | 单位 | 技术要求 | | 试验方法 |
|---|---|---|---|---|
| | | 不使用改性沥青 | 使用改性沥青 | |
| 马歇尔试件尺寸 | mm | φ101.6×63.5 | | T 0702 |
| 马歇尔试件击实次数① | 次 | 两面各击实50次 | | T 0702 |

(续表20)

| 技术指标 | 单位 | 技术要求 | | 试验方法 |
|---|---|---|---|---|
| | | 不使用改性沥青 | 使用改性沥青 | |
| 空隙率 $VV$② | % | 3~4 | | T 0705 |
| 矿料间隙率 $VMA$②，不小于 | % | 17.0 | | |
| 粗集料骨架间隙率 $VCA_{min}$③，不大于 | — | $VCA_{DRC}$ | | |
| 沥青饱和度 $VFA$ | % | 75~85 | | |
| 稳定度④，不小于 | kN | 5.5 | 6.0 | T 0709 |
| 流值 | mm | 2~5 | | |
| 谢伦堡沥青析漏试验的结合料损失 | % | 不大于 0.2 | 不大于 0.1 | T 0732 |
| 肯塔堡飞散试验或浸水飞散试验的混合料损失 | % | 不大于 20 | 不大于 15 | T 0733 |

注:

试验方法见《公路工程沥青及沥青混合料试验规程》(JTG E20—2011)。

① 对集料坚硬不易击碎、通行重载交通的路段，也可将击实次数增加为双面75次。

② 对高温稳定性要求较高的重交通路段或炎热地区，设计空隙率允许放宽到4.5%，$VMA$ 允许放宽到16.5%(SMA-16)或16%(SMA-19)，$VFA$ 允许放宽到70%。

③ 试验粗集料骨架间隙率 $VCA$ 的关键性筛孔，对 SMA-19、SMA-16 是指4.75 mm，对 SMA-13、SMA-10 是指2.36 mm。

④ 稳定度难以达到要求时，各许放宽到5.0 kN(非改性沥青)或5.5 kN(改性)，但动稳定度检验必须合格。

**表 21  OGFC 混合料技术要求**

| 技术指标 | 单位 | 技术要求 | 试验方法 |
|---|---|---|---|
| 马歇尔试件尺寸 | mm | $\phi$ 101.6×63.5 | T 0702 |
| 马歇尔试件击实次数 | — | 双面击实 50 次 | T 0702 |

(续表21)

| 技术指标 | 单位 | 技术要求 | 试验方法 |
|---|---|---|---|
| 空隙率 | % | 18~25 | T 0705 |
| 马歇尔稳定度,不小于 | kN | 3.5 | T 0709 |
| 析漏损失 | % | <0.3 | T 0732 |
| 肯特堡飞散损失 | % | <20 | T 0733 |

**表22 沥青混合料车辙试验动稳定度技术要求**

| 气候条件与技术指标 | 相应于下列气候分区所要求的动稳定度(次/mm) | | | | | | | | | 试验方法 |
|---|---|---|---|---|---|---|---|---|---|---|
| 七月平均最高温度(℃)及气候分区 | >30 1.夏季热区 | | | | 20~30 2.夏热区 | | | | <20 3.夏凉区 | T 0719 (JTG E20—2011) |
| | 1-1 | 1-2 | 1-3 | 1-4 | 2-1 | 2-2 | 2-3 | 2-4 | 3-2 | |
| 普通沥青混合料,不小于 | 800 | 800 | 1000 | 1000 | 600 | 600 | 800 | 800 | 600 | |
| 改性沥青混合料,不小于 | 2400 | 2400 | 2800 | 2800 | 2000 | 2000 | 2400 | 2400 | 1800 | |
| SMA混合料 非改性,不小于 | 1500 | | | | | | | | | |
| SMA混合料 改性,不小于 | 3000 | | | | | | | | | |
| OGFC混合料 | 1500(一般交通路段),3000(重交通量路段) | | | | | | | | | |

**表 23　沥青混合料水稳定性检验技术要求**

| 气候条件与技术指标 | 相应于下列气候分区的技术要求(%) | | | | 试验方法 |
|---|---|---|---|---|---|
| 年降雨量(mm)及气候分区 | >1 000 1.潮湿区 | 500~1 000 2.湿润区 | 250~500 3.半干区 | <250 4.干旱区 | |
| 浸水马歇尔试验残留稳定度(%),不小于 | | | | | |
| 普通沥青混合料 | 80 | | 75 | | T 0709 (JTG E20—2011) |
| 改性沥青混合料 | 85 | | 80 | | |
| SMA混合料　普通沥青 | 75 | | | | |
| SMA混合料　改性沥青 | 80 | | | | |
| 冻融劈裂试验的残留强度比(%),不小于 | | | | | |
| 普通沥青混合料 | 75 | | 70 | | T 0729 (JTG E20—2011) |
| 改性沥青混合料 | 80 | | 75 | | |
| SMA混合料　普通沥青 | 75 | | | | |
| SMA混合料　改性沥青 | 80 | | | | |

**表 24　沥青混合料低温弯曲试验破坏应变($\mu\varepsilon$)技术要求**

| 气候条件与技术标准 | 相应于下列气候分区所要求的破坏应变($\mu\varepsilon$) | | | | | | | | | 试验方法 |
|---|---|---|---|---|---|---|---|---|---|---|
| 年极端最低气温(℃)及气候分区 | <-37.0 1.冬严寒区 | | -21.5~-37.0 2.冬寒区 | | | -9.0~-21.5 3.冬冷区 | | >-9.0 4.冬温区 | | |
| | 1-1 | 2-1 | 1-2 | 2-2 | 3-2 | 1-3 | 2-3 | 1-4 | 2-4 | |
| 普通沥青混合料,不小于 | 2 600 | | 2 300 | | | 2 000 | | | | T 0715 (JTG E20—2011) |
| 改性沥青混合料,不小于 | 3 000 | | 2 800 | | | 2 500 | | | | |

## 表 25　水泥混凝土用碎石、碎卵石和卵石技术指标

| 技术指标 | 技术要求 | | |
|---|---|---|---|
| | Ⅰ级 | Ⅱ级 | Ⅲ级 |
| 碎石压碎指标(%) | <10 | <15 | <20[①] |
| 卵石压碎指标(%) | <12 | <14 | <16 |
| 坚固性(按质量损失计%) | <5 | <8 | <12 |
| 针片状颗粒含量(按质量计%) | <5 | <15 | <20[②] |
| 含泥量(按质量计%) | <0.5 | <1.0 | <1.5 |
| 泥块含量(按质量计%) | <0 | <0.2 | <0.5 |
| 有机物含量(比色法) | 合格 | 合格 | 合格 |
| 硫化物及硫酸盐(按 SO₃质量计%) | <0.5 | <1.0 | <1.0 |
| 岩石抗压强度(MPa) | 火成岩应不小于 100,变质岩应不小于 80,水成岩应不小于 60 | | |
| 表观密度(kg/m³) | >2 500 | | |
| 堆积密度(kg/m³) | >1 350 | | |
| 空隙率(%) | <47 | | |
| 碱集料反应 | 经碱集料反应试验后,试件无裂缝、酥皮、胶体外溢等现象,在规定试验龄期的膨胀率应小于 0.10% | | |

注:① Ⅲ级碎石的压碎指标,用作路面时,应小于 20%;用作下面层或基层时,可小于 25%。
　　② Ⅲ级粗集料的针片状颗粒含量,用作路面时,应小于 20%;用作下面层或基层时,可小于 25%。

表 26 水泥混凝土粗集料级配范围

| 类型 | 粒径\级配 | 方孔筛尺寸(mm) 累计筛余(以质量计)(%) | | | | | | | |
|---|---|---|---|---|---|---|---|---|---|
| | | 2.36 | 4.75 | 9.5 | 16.0 | 19.0 | 26.5 | 31.5 | 37.5 |
| 合成级配 | 4.75~16 | 95~100 | 85~100 | 40~60 | 0~10 | | | | |
| | 4.75~19 | 95~100 | 85~95 | 60~75 | 30~45 | 0~5 | 0 | | |
| | 4.75~26.5 | 95~100 | 90~100 | 70~90 | 50~70 | 25~40 | 0~5 | 0 | |
| | 4.75~31.5 | 95~100 | 90~100 | 75~90 | 60~75 | 40~60 | 20~35 | 0~5 | 0 |
| | 4.75~9.5 | 95~100 | 80~100 | 0~15 | 0 | | | | |
| 粒级 | 9.5~16 | | 95~100 | 80~100 | 0~15 | 0 | | | |
| | 9.5~19 | | 95~100 | 85~100 | 40~60 | 0~15 | 0 | | |
| | 16~26.5 | | | 95~100 | 55~70 | 25~40 | 0~10 | 0 | |
| | 16~31.5 | | | 95~100 | 85~100 | 55~70 | 25~40 | 0~10 | 0 |

表 27 水泥混凝土用细集料的技术要求

| 技术指标 | 技术要求 | | |
|---|---|---|---|
| | Ⅰ级 | Ⅱ级 | Ⅲ级 |
| 机制砂单粒级最大压碎指(%) | <20 | <25 | <30 |
| 氯化物(氯离子质量计%) | <0.01 | <0.02 | <0.06 |
| 坚固性(按质量计%) | <6 | <8 | <10 |

（续表27）

| 技术指标 | 技术要求 | | |
|---|---|---|---|
| | I级 | II级 | III级 |
| 云母（按质量计%） | <1.0 | <2.0 | <2.0 |
| 天然砂、机制砂含泥量（按质量计%） | <1.0 | <2.0 | <3.0[1] |
| 天然砂、机制砂泥块含量（按质量计%） | <0 | <1.0 | <2.0 |
| 机制砂 MB 值<1.4 或合格石粉含量（按质量计%） | <3.0 | <5.0 | <7.0 |
| 机制砂 MB 值≥1.4 或不合格石粉含量（按质量计%） | <1.0 | <3.0 | <5.0 |
| 有机物含量（比色法） | 合格 | 合格 | 合格 |
| 硫化物及硫酸盐（按 $SO_3$ 质量计%） | <0.5 | <0.5 | <0.5 |
| 轻物质（按质量计%） | <1.0 | <1.0 | <1.0 |
| 机制砂母岩抗压强度（MPa） | 火成岩不应小于100，变质岩不应小于80，水成岩不应小于60 | | |
| 表观密度（kg/m³） | >2 500 | | |
| 松散堆积密度（kg/m³） | >1 350 | | |
| 空隙率（%） | <47 | | |
| 碱集料反应 | 经碱集料反应试验后，由砂配制的试件无裂缝、酥裂、胶体外溢等现象，在规定试验龄期时的膨胀率应小于 0.10% | | |

注：
1. 天然 III 级砂作路面时，含泥量应小于 3%；用作贫混凝土基层时，可小于 5%。
2. 亚甲蓝使用 MB 实验方法详见《公路水泥混凝土路面施工技术规范》(JTG F30—2003)附录 B。

**表 28　水泥混凝土用细集料级配范围**

| 砂分级 | 方孔筛尺寸（mm） | | | | | |
|---|---|---|---|---|---|---|
| | 0.15 | 0.30 | 0.60 | 1.18 | 2.36 | 4.75 |
| | 累计筛余（以质量计）(%) | | | | | |
| 粗砂 | 90~100 | 80~95 | 71~85 | 35~65 | 5~35 | 0~10 |
| 中砂 | 90~100 | 70~92 | 41~70 | 10~50 | 0~25 | 0~10 |
| 细砂 | 90~100 | 55~85 | 16~40 | 0~25 | 1~15 | 0~10 |

**表 29　钢筋力学及工艺性能**

| 表面形状 | 钢筋级别 | 强度等级代号 | 公称直径（mm） | 屈服点 $Q_s$（MPa） | 抗拉强度 $Q_b$（MPa） | 伸长率 $\delta$（%） | 冷弯　$d$—弯心直径　$a$—钢筋公称直径 |
|---|---|---|---|---|---|---|---|
| | | | | 不小于 | | | |
| 光面 | I | R235 | 8－20 | 235 | 370 | 25 | 180° $d=a$ |
| 月牙肋 | II | RL335 | 8~25 | 335 | 510 | 16 | 180° $d=3a$ |
| 月牙肋 | II | RL335 | 28~40 | 335 | 490 | 16 | 180° $d=4a$ |
| 月牙肋 | III | RL400 | 8~25 | 400 | 570 | 14 | 90° $d=3a$ |
| 月牙肋 | III | RL400 | 28~40 | 400 | 570 | 14 | 90° $d=4a$ |
| 等高肋 | IV | RL540 | 10~25 | 540 | 835 | 10 | 90° $d=5a$ |
| 等高肋 | IV | RL540 | 28~32 | 540 | 835 | 10 | 90° $d=6a$ |

# 参 考 文 献

[1] 中交第二公路勘察设计研究院.公路工程岩石试验规程：JTG E41—2005[S].北京：人民交通出版社股份有限公司,2017.

[2] 交通部公路科学研究所.公路工程集料试验规程：JTG E42—2005[S].北京：人民交通出版社股份有限公司,2016.

[3] 中华人民共和国交通运输部.公路工程水泥及水泥混凝土试验规程：JTG 3420—2020[S].北京：人民交通出版社股份有限公司,2021.

[4] 交通部公路科学研究院.公路工程无机结合料稳定材料试验规程：JTG E51—2009[S].北京：人民交通出版社,2009.

[5] 交通运输部公路科学研究院.公路工程沥青及沥青混合料试验规程：JTG E20—2011[S].北京：人民交通出版社,2011.

[6] 交通部公路科学研究院.公路沥青路面施工技术规范：JTG F40—2004[S].北京：人民交通出版社,2004.

[7] 交通运输部公路科学研究院.公路水泥混凝土路面施工技术细则：JTG/T F30—2014[S].北京：人民交通出版社,2014.

[8] 中交公路规划设计院有限公司.公路水泥混凝土路面设计规范：JTG D40—2011[S].北京：人民交通出版社,2011.

[9] 中交路桥技术有限公司.公路沥青路面设计规范：JTG D50—2017[S].北京：人民交通出版社股份有限公司,2017.

[10] 交通运输部公路科学研究院.公路路面基层施工技术细则：JTG/T F20—2015[S].北京：人民交通出版社股份有限公司,2015.

[11] 中华人民共和国国家质量检验检疫总局,中国国家标准化管理委员会.金属材料 拉伸试验 第1部分：室温试验方法：GB/T 228.1—2010[S].北京：中国标准出版社,2011.

[12] 中华人民共和国国家质量检验检疫总局,中国国家标准化管理委员会.金属材料弯曲试验方法：GB/T 232—2010[S].北京：中国标准出版社,2010.

[13] 黄晓明,高英,周扬.土木工程材料[M].4版.南京：东南大学出版社,2020.

[14] 严家伋.道路建筑材料[M].3版.北京：人民交通出版社,1999.